ESSAIS
SUR LA CULTURE DU MURIER BLANC ET DU PEUPLIER D'ITALIE,

Et les moyens les plus ſurs d'établir ſolidement & en peu de tems le Commerce des Soies.

O fortunatos nimium, ſua ſi bona norint,
Agricolas! Georg. Virg. lib. II.

A DIJON,
Chez LAGARDE, Libraire ruë de Condé.

M. DCC. LXVI.

AVEC PERMISSION.

A

NOSSEIGNEURS,

NOSSEIGNEURS LES ÉTATS GÉNÉRAUX DE LA PROVINCE DE BOURGOGNE.

OSSEIGNEURS,

Uniquement occupé du ſoin de contribuer au bonheur des Habitans de cette Province, il ne ſuffit pas à votre zèle de diminuer, autant qu'il eſt en vous, le poids des charges indiſpenſables dans un grand Etat; votre attention ſe porte ſur tout ce qui peut exciter l'Induſtrie, & perfectionner l'Agriculture, qui eſt la ſource commune & bienfaiſante du commerce & de l'abondance.

Sous les yeux d'un Grand Prince, dont le nom & la valeur ſont auſſi redoutables à nos Ennemis, qu'ils ſont chers à la France, & particuliérement à la Bourgogne, chacune de vos Aſſemblées eſt toujours l'époque remarquable & intéreſſante de quelque établiſſement avantageux, dont la reconnoiſſance du Citoyen eſt ce qui vous flatte le plus; & lorſque vous vous ſéparez, vous laiſſez votre autorité à des Adminiſtrateurs toujours pénétrés des mêmes principes, & animés du même eſprit.

C'eſt donc aux Peres de la Patrie, aux Protecteurs des Arts, du Commerce & de l'Induſtrie, à la Province réunie dans la plus auguſte Aſſemblée, que je préſente les réflexions qu'a fait naître une étude ſuivie ſur une branche très-importante de l'Agriculture & du Commerce, que l'on a tenté depuis quelque temps d'établir.

Vous avez prétendu, avec raison, NOSSEIGNEURS, que les richesses des Provinces méridionales de la France, pouvoient devenir celles de la Bourgogne, en y établissant les mêmes moyens. On a fait en conséquence des tentatives qui se sont d'abord montrées sous un aspect avantageux. Si les succès n'ont pas répondu aux vues sages & étendues des gens vraiment Patriotes, sous les ordres desquels s'est commencée cette entreprise, c'est que l'on a pas assez étudié les qualités du climat sous lequel on opéroit, & que l'on s'est persuadé trop légerement, que la culture suivie dans une Province, devoit être celle de toutes les autres.

J'ai quitté cette route, après m'être assuré, NOSSEIGNEURS, qu'elle ne pouvoit conduire au but que vous vous étiez proposé. Je m'en suis tracé une autre, dans laquelle j'ai été guidé par la pratique. Mes succès m'ont assuré de la vérité de mes observations ; & j'ai jugé par l'intempérie du climat où j'ai opéré, avec combien de facilité, en suivant la même culture, on peupleroit en peu de temps la Bourgogne d'autant de Muriers que le Languedoc.

Heureux si l'Ouvrage, NOSSEIGNEURS, dont vous avez bien voulu agréer l'hommage, en me permettant de le rendre public sous votre protection, peut être utile à ma Patrie ! Je me croirai pour lors bien dédommagé de dix années d'étude & d'observations. C'est le seul objet que je me sois proposé, de même que celui de vous donner des marques de mon parfait devouement, & du profond respect avec lequel j'ai l'honneur d'être,

NOSSEIGNEURS,

Votre très-humble & très-obéissant serviteur,

BOLET.

PRÉFACE.

C'Est répondre parfaitement aux vuës du Gouvernement, que d'encourager la culture du Murier blanc ; mais le prix de cet Arbre, & peut-être encore plus la difficulté de s'en procurer dans un Pays où il n'est pas commun, sont des obstacles qu'on ne peut lever qu'en établissant des Pépinieres, pour les y distribuer *gratis* au public : ces Pépinieres doivent donc être regardées comme la véritable source de cet important établissement, & sa réussite dépendra toujours, & de la bonté de leur culture, & de l'exactitude avec laquelle elles seront gouvernées.

Je n'entrerai dans aucun détail particulier sur la culture du Murier ; mon dessein n'a été, quant à présent, que de donner une juſte idée de la véritable culture des Pépinieres de cet Arbre, des moyens les plus ſurs de les bien diriger, des qualités que doivent avoir les Muriers qu'on y diſtribuë, rélativement aux plantations & à l'éducation des Vers à Soie.

Les commencemens d'un nouvel établiſſement ſont toujours difficiles & lents ; on ne ſauroit y aporter trop de ſoin & d'attention, la plus petite négligence le fait tomber, ſans eſpérance de le voir ſe relever.

Si les Muriers qu'on diſtribuë dans une Pépiniere publique, ſont défectueux, quoique la diſtribution en ſoit toujours la même chaque année, on ne verra pas pour cela les Soies ſe multiplier davantage ; mais au contraire s'ils avoient les qualités qui leur ſont indiſpenſablement néceſſaires, &

pour la réussite, & pour le produit, & que la direction en fût confiée à un homme instruit & capable d'en diriger toutes les opérations, & qu'on le chargeât encore de donner ses soins aux plantations un peu considérables, qui se feroient dans la Province où on auroit établi des Pépinieres de cet Arbre, il est certain que dans moins de quinze ans, on y verroit la culture du Murier solidement établie, & son produit déja très-considérable ; pour lors la Pépiniere publique deviendroit inutile ; il s'en formeroit bien-tôt de particulieres, ou l'on s'en procureroit, & le Public instruit, ne pouroit être trompé. La dépense que cette Province feroit pour cet établissement, s'il étoit bien conduit, ne seroit donc qu'une dépense passagere & momentanée, dont elle retireroit par la suite les plus grands avantages ; mais au contraire, elle ſera entiérement en pure perte s'il eſt mal dirigé.

Un grand nombre d'Auteurs ont écrit ſur la culture du Murier blanc ; beaucoup ſe ſont copiés. Il en eſt d'autres qui pour avoir élevé quelques Arbres fruitiers, ſe ſont crus très-inſtruits de la culture de cet Arbre, & ont écrit en conſéquence. Enfin, le petit nombre de ceux qui ſemblent mieux l'avoir connu, habitoient ſous un ciel ſi différent du nôtre, & ſi favorable, que ſi l'on ſuivoit ici la méthode qu'ils preſcrivent, on ne réuſſiroit jamais : la route qu'il faut ſuivre, doit toujours ſe régler ſur le climat qu'on habite.

Le Murier eſt originaire d'un Pays chaud ; il y vient ſans culture, & l'on en trouve des Forêts entieres. Quoiqu'il ſe naturaliſe aſſez bien par tout, cependant plus il s'éloigne de ſon véritable climat, & plus il demande pour le multiplier, une culture qui ſuplée à ce que la nature lui refuſe.

Le principal mérite du Murier blanc, & ce qui le rend ſi précieux, conſiſte dans ſa feüille; mais elle a un ſi grand penchant à dégénérer par la nature même de l'Arbre, & peut-être davantage, à meſure que le Pays où l'on l'éleve, eſt plus froid, qu'il ne ſuffit pas de ſçavoir le multiplier, mais il eſt encore abſolument néceſſaire que l'art fixe ſon inconſtance, ſans quoi il devient preſque inutile, & par le peu de profit qu'il donne, & par les dépenſes qu'il occaſionne.

Le ſéjour que je fais depuis longtems à la Campagne, le goût que j'ai toujours eu pour la culture des Arbres, & une expérience ſuivie pendant pluſieurs années, ont étendu mes connoiſſances, & j'ai ſurtout porté mes vuës ſur le Murier blanc, & la meilleure maniere de l'élever relativement à notre climat. Plus de facultés m'auroient déja mis en état de tirer un grand avantage de mes obſervations ; mais obligé de me reſtreindre à des eſſais de plantations très-modiques, je ne vois que la poſſibilité très-réelle d'établir ma nouvelle culture du Murier blanc, auſſi utile que celle que l'on a ſuivie juſqu'à préſent ici, l'a été peu : j'ai multiplié avec les ſoins les plus exacts, cet Arbre précieux, par toutes ſortes de voies, & je crois pouvoir répondre que mes eſſais ont aſſez bien réuſſi pour connoître la culture qui lui convient le mieux en Bourgogne ; principe qu'il ne faut jamais perdre de vuë, car pour réussir il faut toujours se diriger sur la température du climat qu'on habite.

C'est donc après l'expérience, que j'établis quelles doivent être les qualités du Murier blanc, & les plus surs moyens de le multiplier dans ce Pays-ci avec succès. Les petites éducations de Vers à Soie, que j'ai faites, m'ont fait connoître quelles devoient être celles de la feüille, pour en augmenter le produit & en diminuer les frais.

Ce sont ces connoissances acquises par plus de dix années de travaux & d'expérience, que j'ai cru devoir communiquer à l'auguste Assemblée des Etats, à laquelle tout ce qui peut contribuer à l'accroissement des richesses de cette Province, est si précieux.

Elle poura être persuadée que je ne dirai rien dont je n'aie l'expérience par moi-même.

Si j'ai adopté quelques pratiques de quelques Auteurs, je ne l'ai fait qu'après en avoir connu la bonté, & avoir éprouvé qu'elles convenoient à notre climat.

Je ne cherche donc qu'à être utile à ma Patrie, en rendant publique ce petit Ouvrage, fruit de mes expériences & de mes réflexions : la légitimité de mes intentions, doit faire excuser les défauts qui pouroient s'y trouver.

ESSAIS SUR LA CULTURE DU MURIER BLANC ET DU PEUPLIER D'ITALIE,

Et les moyens les plus ſurs d'établir ſolidement & en peu de tems le Commerce des Soies.

CHAPITRE PREMIER.

Des avantages que procurent les Vers à Soie.

L'INSECTE précieux qui donne la Soie, eſt originaire de la Chine, c'eſt de là qu'on l'a tiré : il eſt connu aujourd'hui juſqu'en Amérique ; (*a*) il fait la principale richesſe de tous les Pays où il a été tranſporté, & ces richeſſes ſont d'autant plus précieuſes, qu'elles ne ſont jamais arroſées du ſang des malheureux ; en cela bien préférables à celles qui par les travaux immenſes qu'on eſt forcé de faire pour les avoir, & à ces autres qui par l'éloignement des lieux où on va les chercher, ſont ſi funeſtes à l'humanité. (*b*)

Je ne ferai point l'énumération des contrées que le produit des Soies enrichit, (*c*)

(*a*) Les Anglois ont tranſporté des Vers à Soie dans leurs Colonies de l'Amérique ; ils y ont très-bien réuſſi, & commencent déjà de faire un objet très-important. Les François en ont auſſi porté dans la Louiſianne, où ils ont trouvé des forêts de Muriers blancs.

(*b*) L'extraction des mines d'or & d'argent dans le Mexique & le Pérou, coûte tous les ans la vie à un nombre prodigieux de malheureux : l'avidité de ces métaux a dépeuplé l'Amérique.

Le ſucre & les autres Denrées que les Européens vont chercher dans leurs Colonies du nouveau Monde, à travers mille dangers, ſont la cauſe de la perte d'un très-grand nombre d'hommes ; & pour travailler à leur culture, on dépeuple continuellement l'Afrique, ſans cependant pour cela peupler davantage l'Amérique.

(*c*) La Chine, le Tunquin, une partie de l'Inde, la Perſe, l'Arménie, l'Amaſie, la Syrie fourniſſent une prodigieuſe quantité de Soie ; l'Italie, la Sicile, l'Eſpagne, & ſur-tout le Piémont en retirent des ſommes immenſes.

je ne parlerai que des Provinces de ce Royaume, qui joüissent de cet avantage : persuadé que les exemples que nous avons sous les yeux, nous frapent toujours davantage que ceux qui sont éloignés. (*a*)

Le Languedoc, cette Province si riche par le produit de ses Grains, de ses Vins exquis, de ses Huiles & de ses Fruits, retire cependant beaucoup plus de ses Soies que de toutes Denrées, & c'est ce qui la fait regarder aujourd'hui comme la plus riche Province du Royaume.

Les autres Provinces où l'on a commencé beaucoup plus tard à élever des Vers à Soie, en connoissent déja bien tout le prix, & marcheront peut-être bien-tôt de pair avec le Languedoc.

La Provence à qui l'aridité de son sol ne laissoit gueres de ressource pour se procurer ce qui est le plus nécessaire à la

---

(*a*) Le Dauphiné, le Vivarais, le Lyonnois, le Forez, le Bugey & la Bresse commencent déjà à se ressentir des avantages d'élever des Vers à Soie. La Touraine qui est sous le même climat que la Bourgogne, fournit les Manufactures de Soie de sa Capitale, qui sont en grand nombre & en grande réputation.

vie, que dans ſes Huiles & ſes Fruits, trouve actuellement dans le produit de ſes Soies, de quoi ſe dédommager amplement de la ſtérilité de ſes campagnes. (a)

Mais de quel prix cette branche de commerce bien établie en Bourgogne, ne ſeroit-elle pas? La Province ne verroit pas ſeulement ſes richeſſes déja bien connuës, (b) s'accroître de beaucoup; mais les effets qui en réſulteroient néceſſairement, ſeroient encore de la plus grande importance.

Cet établiſſement occuperoit un très-grand nombre d'Hommes, de Femmes & même d'Enfants, & cela dans un tems où il ſemble que les travaux de la campagne ſoient ſuſpendus. (c)

(a) La Provence eſt par-tout hériſſée de roches; elle manque de pâturages, & elle ne recueille pas des Grains pour nourrir trois mois ſes Habitans.

(b) La Province de Bourgogne peut ſe paſſer de tous ſes voiſins, & elle leur fournit des grains, des Vins, des Fers, des Laines & des Chanvres.

(c) L'éducation des Vers à Soie ſe trouve par-tout remplir l'eſpace qui eſt entre le développement de la feuille du Murier, & les fauchaiſons; on ſçait aſſez que pendant cet intervalle qui eſt de près de cinquante jours,

Nous verrions bien-tôt établir parmi-nous, des Manufactures de Soie de toutes espèces ; ce surcroit d'occupations & les richesses qui en seroient les suites, procureroient surement dans bien peu, une augmentation dans la population : effet peut-être le plus précieux. (*a*)

Notre part des contributions au besoin de l'Etat, que le bon Citoyen paie toujours sans murmurer, parce qu'il en connoit toute la nécessité, seroit fournie avec plus d'aisance & de facilité, indépendamment de tant d'avantages dont l'Etat en entier se ressent roit si ce commerce

---

les travaux de la campagne occupent peu de monde.

M. le Président de Montesquieu regarde comme très-avantageux, les travaux qui occupent beaucoup de monde ; il ne veut pas que l'on cherche à les abréger. Selon ce grand Homme, l'invention des Moulins à eau & à vent, a été très-pernicieuse à l'humanité. *Esprit des Loix*.

(*a*) Cette assertion paroîtra peut-être un paradoxe à ceux qui regardent l'opulence comme la source du luxe, & le luxe comme une cause de dépopulation. Sans vouloir entrer dans la discussion d'une question aussi délicate, & qui peut-être est moins bien fondée qu'ils ne pensent, je les prierai seulement d'examiner si les Pays riches, soit par une grande industrie, soit par un grand Commerce, ne sont pas les plus peuplés.

s'étendoit autant qu'il le pouroit ; le Gouvernement ne verroit plus tous les ans sortir du Royaume des sommes immenses pour acheter de l'Etranger, les Soies qu'il nous faut encore pour fournir nos Manufactures, & il nous rendroit bien-tôt toutes celles qu'il a reçuës de nous. (*a*)

Mais pour joüir de l'industrie du Vers à Soie, il faut se procurer les matieres premieres. Cet Insecte ne se nourrit que de la feüille du Murier, & l'accroissement des richesses qu'il donne, est toujours en proportion avec la multiplication de cet Arbre.

Il faut donc commencer par établir sa culture. Le moyen que les Etats ont pris pour l'encourager, en établissant des Pépinieres publiques, est certainement le

---

(*a*) On prétend qu'indépendamment des Soies que ce Royaume fournit, ce qui est déjà très-considérable, il nous en faut encore tirer du dehors pour près de quinze millions en espèces, tous les ans, pour fournir nos Manufactures ; il est vrai que nous ne consommons pas toutes les Etoffes qui s'y fabriquent ; il en passe chez l'Etranger, pour des sommes considérables ; mais si nous avions assez de Soie chez nous, les mêmes envois se feroient toujours également. Les Etoffes de Lyon peuvent bien être imitées dans le Pays Etranger, mais jamais égalées.

plus assuré pour y parvenir ; c'est de la réussite de ces Pépinieres que dépend absolument le succès de ce bel établissement : on doit donc aporter l'attention la plus scrupuleuse à leur culture, ne jamais permettre qu'il y soit distribué un seul Arbre défectueux, & qui n'ait toutes les qualités qui leur sont nécessaires, & pour croître avec succès, & pour remplir parfaitement le grand objet pour lequel on les multiplie. *L'éducation des Vers à Soie.*

CHAPITRE II.

Du Murier & de ses espèces.

IL y a en France deux espèces de Muriers très-connus & très-faciles à distinguer, (*a*) le noir & le blanc : ils deviennent tous les deux de grands Arbres. Le Murier noir differe du blanc par sa

(*a*) Il est quelques autres véritables espèces de Muriers, mais elles ne sont encore connues que d'un petit nombre de Curieux, & sont indifférentes pour l'éducation des Vers à Soie.

feüille qui eſt grande ſans être découpée, (*a*) plus épaiſſe, plus forte, plus rude au toucher, & d'un verd plus foncé ; il la pouſſe huit ou dix jours plus tard que le blanc ; ſon bois a l'écorce plus raboteuſe ; ſes jets ſont gros & courts, & il croit beaucoup plus lentement ; ſon fruit eſt gros, noir quand il eſt en maturité, & délicieux à manger. Au contraire celui du Murier blanc, de quelque couleur qu'il ſoit, eſt toujours petit & inſipide.

La feüille du Murier noir pouroit très-bien ſervir à la nourriture des Vers à Soie, elle profiteroit beaucoup à cauſe de ſa grandeur ; (*b*) elle leur feroit rendre une

---

(*a*) Le Murier blanc greffé, a auſſi la feuille grande, ſans être découpée ; mais c'eſt une exception à la régle générale, & la comparaiſon que je fais, ne tombe que ſur le Murier blanc venu de ſemences, qui, à un très-petit nombre près, a toujours la feuille petite & découpée ; & c'eſt certainement le grand nombre qui doit conſtituer l'eſpèce, les autres n'étant que des variétés qui, à la longue, rentrent dans la claſſe commune, & que la greffe ſeule peut perpétuer. Le Murier noir multiplié par la ſemence, a au contraire la feuille toujours grande, & point découpée.

(*b*) Ils en mangeroient auſſi beaucoup moins, parce qu'elle eſt plus nourriſſante.

On dit que la feuille d'un Murier noir équivaut à celle de trois Muriers blancs greffés de même groſſeur.

Soie peſante , abondante & forte, (*a*) mais moins luſtrée & moins fine que celle du Murier blanc : cela joint à ce que ce dernier feüille plutôt , & qu'il croit plus rapidement , lui a fait donner la préférence.

Il n'y a peut-être point d'Arbres qui réuniſſent un plus grand nombre d'avantages qui doivent le faire rechercher , que le Murier blanc : indépendamment du grand revenu qu'il donne (*b*) à raiſon du privilége excluſif qu'il a de fournir la nourriture aux Vers à Soie , ſon bois (*c*)

(*a*) Elle eſt outre cela facile à devider ; elle a beaucoup de reſſorts, & convient pour toutes les Etoffes façonnées : c'eſt le Jugement qu'en ont porté les Fabriquans qui en ont mis en œuvre.

(*b*) Il y a des Auteurs qui ont fait monter le produit annuel d'un Murier blanc greffé de vingt-cinq ans, à plus de vingt francs; je crois qu'ils ont beaucoup exagéré ; peut-être ont-ils cru par-là mieux encourager la culture de cet arbre utile ; je ne les approuve pas ; il n'eſt, je crois, jamais permis d'exagérer. Pour moi, je penſe que le produit d'un beau Murier greffé de vingt-cinq ans, pourroit bien aller à dix francs par an, encore faut-il ſuppoſer qu'il ait été planté dans un bon terrein, & qu'il ait été bien gouverné : il n'y a certainement point d'arbre dont on puiſſe en eſpérer autant.

(*c*) Le bois du Murier noir a les mêmes qualités, & ſert aux mêmes uſages.

eſt propre à une infinité d'uſages ; il eſt très-dur , & cependant ſouple & liant ; on en fait de beaux ouvrages ſur le tour ; il ſert aux Graveurs : on dit qu'aucun Inſecte n'attaque ni ne dépoſe ſes œufs ſur ce bois , & qu'on en fait des futailles dans leſquelles le Vin ne ſe gâte point. Il fournit avec tout cela , un très-bon chauffage. (*a*)

Son feüillage n'eſt jamais attaqué par aucun Inſecte, ni ne lui ſert de retraite :

(*a*) Je ſerois fort porté à le croire. On ne connoît point d'Inſecte qui attaque la Soie , & la Soie n'eſt que l'extrait rafiné de la ſubſtance du Murier ; il paroît très-naturel qu'ils aient la même averſion pour ſon bois ; cette qualité bien reconnue par l'expérience , ſeroit d'une grande utilité ; on feroit du Murier des meubles , & ſur-tout des bois de lit qui ſeroient à l'abri des Punaiſes ; l'on feroit des futailles pour conſerver l'eau des vaiſſaux dans les voyages de long cours ; on ne ſauroit gueres en effet attribuer ſa corruption , qu'aux œufs que les Inſectes dépoſent ſur les parois des futailles , qui venant à éclore , en corrompent néceſſairement l'eau. Dans un petit Traité ſur l'éducation du Ver à Soie, imprimé à Poitiers en 1754, l'Auteur dit qu'ayant élevé deux années de ſuite des Vers à Soie dans des chambres qui étoient infectées de Punaiſes, on n'en avoit plus vû depuis ; on n'en ſauroit attribuer la cauſe qu'à l'odeur de la feuille du Murier : cela vient à l'appui de ce que j'ai avancé.

(a) cette qualité singuliere & rare, (b) a fait souhaiter à beaucoup d'Auteurs, qu'on substituât le Murier blanc greffé, qui a une très-belle feüille, à tous les Ar-

---

(a) J'ai plusieurs fois mis des Chenilles sur des Muriers, elles n'y sont jamais restées ; j'en ai enfermé dans des petits bocaux de verre avec des feuilles de Murier, elles sont mortes sans y toucher ; cependant la Nature n'a point assigné pour nourritures à toutes sortes de Chenilles, une espèce particuliere d'arbres ; il y en a beaucoup qui se nourrissent de toutes sortes de feuilles indifféremment ; il faut que celles du Murier leur répugnent, soit par son odeur, ou par la nature des sucs qu'elle contient.

Ces petits trous qu'on remarque quelquefois dans la feuille du Murier, ne viennent que des gouttelettes de rosées, ou de certains brouillards d'une qualité un peu caustique, qui, par leur position, ne pouvant être frappées par les premiers rayons du Soleil, ou faute d'un air agité qui puisse les faire tomber ou les dessécher assez promptement, y séjournent trop, & y occasionnent les taches qu'on y voit souvent ; la partie tachée se desséche, & tombe en poussiere au bout de quelque temps, & c'est là l'origine de ces trous ; il n'y a gueres que les Muriers qui sont plantés dans les lieux bas, qui soient sujets à cet accident. J'ai remarqué aussi sur des fruits venus sur des Arbres trop à l'ombre, des taches qui venoient des mêmes causes, & qui les rendoient mauvais à manger, & peut-être dangéreux ; la partie tachée étoit dure, amere, & pénétroit fort avant dans le fruit.

(b) Je ne la crois pas unique ; je sçais qu'il y a encore des Arbres dont le feuillage est intact, par exemple le Noyer, mais il doit cette qualité à son odeur forte qui rend aussi son ombre très-dangéreuse.

bres dont on eſt dans l'uſage d'orner les Jardins & les Promenades publiques. Je loüe le zèle de ces Auteurs ; mais je crois être fondé en raiſon à ne pas penſer comme eux. Il eſt certain que le Murier ne perdra rien de ſon mérite, quand il n'aura pas cet avantage ; il ne feroit pas dans une promenade, un auſſi bel effet que les Arbres que l'on y emploie ordinairement. Il feüille d'abord beaucoup plus tard, & la culture particuliere qu'il demande, eſt un grand obſtacle à la propreté qui doit regner dans les endroits de pur agrément. (a) Si l'on vouloit le faire ſervir en mê-

(a) Il faut au moins piocher le Murier quatre fois par an, le fumer tous les trois ans, & même lorſqu'on s'apperçoit qu'il ne pouſſe plus auſſi vigoureuſement, de foncer à une certaine diſtance du pied, la terre tout au tour, afin de faciliter aux racines les moyens de s'étendre plus facilement.

On voit aſſez que toutes ces opérations ne peuvent qu'occaſionner le déſordre & la mal-propreté dans les Jardins & les Promenades publiques, dont les deux qualités contraires font le principal mérite. Le Murier n'eſt point ici dans ſon Pays naturel ; il faut ſuppléer par une culture particuliere, à ce qui lui manque du côté du climat. C'eſt une choſe ſinguliere, qu'on n'ait point trouvé de Murier dans la partie méridionale de la Terre ; s'il y en a actuellement, c'eſt qu'on les y a apportés.

Ils ſont originaires de la Tartarie Chinoiſe ; c'eſt de

me tems à la nourriture des Vers à Soie, il faudroit lui donner la forme d'un gobelet, & le dépoüiller de ses feüilles : il est pour lors pendant au moins quinze jours, d'un aspect triste & sans donner d'ombre, ce qui seroit un autre inconvénient.

Il faut au Murier un emplacement pour lui seul, où rien ne puisse s'oposer, ni à la culture qu'il demande, ni au profit qu'on en peut retirer. Toutes les fois qu'on veut trop s'attacher à réunir l'agréable avec l'utile, rarement l'on réussit.

Le Murier blanc, de sa nature, a la

---

là qu'on les a tirés, & qu'ils se sont répandus dans tout notre Continent ; on en a aussi trouvé des forêts sur les bords du Mississipi, mais il n'y avoit pas de Vers à Soie ; les Peuples de la Louisianne faisoient de leurs écorces, des Etoffes qui n'étoient pas sans mérite, & qui avoient même du brillant. En effet, l'écorce du Murier se réduit en une filace qui a le lustre, la douceur & la finesse de la Soie, & qui ne laisse pas d'être forte : j'ai fait quelques tentatives pour parvenir à la préparer, mais j'ai mal réussi ; cependant je ne prétends pas pour cela y renoncer absolument.

Au reste, une chose à remarquer, c'est que le climat naturel du Murier, n'est qu'entre le trente-cinq & le quarantiéme dégré de latitude, tant à la Chine qu'à la Louisianne : on en n'a trouvé des forêts que dans cet espace.

feüille mince , ſeche , plus ou moins grande, & découpée profondément. Il en eſt cependant quelques-uns qui dans leur jeuneſſe l'ont grande & point découpée ; mais en vieilliſſant , lorſqu'ils ſont plantés à demeure, & ſur-tout ſi le terrein eſt ſec, ils rentrent tous dans la claſſe commune ; (*a*) auſſi eſt-il certain

---

(*a*) La premiere fois que je ſemai des Muriers, j'admirois la beauté de leurs feuilles, mais je ne fus pas long-temps ſatisfait ; ils ne furent pas plutôt arrachés de deſſus la couche, & plantés en Pépinieres, qu'elles devinrent petites & découpées ; à meſure qu'ils ont vieilli, & ſur-tout lorſqu'ils ont été plantés à demeure, s'il en eſt reſté quelques-uns, ſans que leurs feuilles ſe ſoient découpées, elles ont toujours diminué conſidérablement de grandeur, au point que j'en ai qui n'excédent pas la grandeur d'une piéce de vingt-quatre ſols.

A la premiere diſtribution que l'on fit des Muriers de la Province, Meſſieurs les Commiſſaires eurent la bonté de m'en accorder ſoixante ; je priai le Jardinier de me laiſſer choiſir & marquer ceux qui avoient les plus belles feuilles ; il me fit entendre que pour obtenir cette faveur, il falloit me contenter de la moitié ; j'y conſentis volontiers, & je choiſis en conſéquence. Ces Arbres manquoient abſolument des qualités qu'ils doivent néceſſairement avoir pour réuſſir, ce qui eſt cauſe qu'ils n'ont fait aucun progrès, quoique plantés dans un excellent terrein ; les feuilles qui en paroiſſoient aſſez belles, ont diminué au moins de moitié ; il n'en eſt reſté qu'un ſeul qui s'eſt aſſez bien ſoutenu, mais il a fait peu de progrès.

Dans le grand nombre de Muriers que j'ai élevé de

que quelque différence qu'on remarque, ſoit dans les branches, ſoit dans la forme des feüilles & la couleur du fruit, ce ne ſont que des variétés dépendantes du climat & du ſol, puiſqu'elles ſont toutes produites par la même graine. (*a*) Il n'y

---

ſemences, je n'en ai trouvé qu'un dont la feuille ſoit encore d'une grande beauté; il y a trois ans qu'il eſt planté à demeure, & il fait déjà un bel Arbre : cependant l'année derniere, je crois m'être déjà apperçu de quelques altérations; enfin, je ſuis perſuadé qu'il n'y a point de Muriers blancs qui, en vieilliſſant, s'ils ne ſont point greffés, ne rentrent dans la claſſe commune, c'eſt-à-dire, dont la feuille ne devienne très-petite ou découpée.

(*a*) Toutes ces variétés ne ſe remarquent bien que dans la jeuneſſe de l'Arbre, mais en vieilliſſant, elles diſparoiſſent en partie; il n'y a que la couleur du fruit qui ſe maintienne toujours.

Les différences qu'on remarque dans le branchage des Muriers, conſiſtent dans de petites branches fluettes qui ſortent de tous les yeux des pouſſes de l'année; ces petites branches ſont quelquefois juſqu'à trois enſemble, ſouvent deux & une; on peut juger par leur nombre. de la qualité de la feuille; plus il y en a, plus elles ſont petites & découpées; ceux qui n'en ont point, portent toujours la plus belle; elles ſont auſſi plus long-temps à dégénérer; enfin, ſi elles deviennent petites, elle ne ſont jamais ſi découpées.

Cette connoiſſance peut être utile, en ce que, ſi l'on vouloit ſe procurer des Muriers ſauvageons, malgré leur peu de produit, on pourroit au moins, par ce moyen, choiſir les meilleures feuilles, quand même ce ſeroit au milieu de l'Hiver.

Le climat & le terrein contribuent ſi bien aux variétés

a que l'opération ſeule de la greffe, qui puiſſe perpétuer ces variétés, & en faire des eſpèces ; elle ne les fixe pas ſeulement invariablement, (a) mais elle les perfectionne ſinguliérement, & plus ces eſpèces s'éloignent de leur ſource, & plus elles acquierent de perfections : c'eſt à la greffe que nous devons ces beaux Muriers qu'on apelle francs, & dont il ſemble aujourd'hui qu'on méconnoiſſe l'origine.

Avec le Murier ſauvageon, on en connoit trois eſpèces créées par la greffe, qui ſont le Murier Colombat, le Murier Romain, & le Murier d'Eſpagne.

---

du Murier, que je ſuis perſuadé que ſi dans chaque Pays on vouloit ſe donner la peine d'examiner avec attention les feuilles de tous les Muriers qu'on ſemeroit, & que l'on fixât par la greffe, celles qui paroîtroient mériter le plus d'être perpétuées ; on pourroit, dis-je, par ce moyen, ſe procurer des eſpèces de Muriers francs, qui juſqu'ici auroient été inconnus, pourvû néanmoins qu'on eût l'attention de prendre les greffes avant qu'on eût apperçu d'altération dans le ſujet ; par exemple, le Murier d'Eſpagne porte le nom du Pays où il a été trouvé.

(a) Dans un terrein ſec & aride, la feuille du Murier greffé diminue de grandeur, mais ne ſe découpe jamais.

La feüille du Murier Romain eſt la plus grande des trois eſpèces, & la plus pleine de ſuc, ſur-tout dans les terreins gras. Elle devient beaucoup plus petite & plus ſeche dans les terreins maigres.

La feüille du Murier Colombat eſt luiſante, plus ſeche & beaucoup plus petite. Je crois que cette eſpèce tire ſon origine de la variété qu'on apelle Murier à feüille roſe. (*a*)

La feüille du Murier d'Eſpagne eſt un peu moins grande que la Romaine, mais d'un verd plus foncé; elle reſſemble aſſez à celle du Murier noir. Cette eſpèce n'eſt

---

(*a*) On nomme cette variété, Muriers à feuilles roſe, parce qu'on a cru s'appercevoir que la feuille avoit quelque reſſemblance avec celle du Roſier. Quelques Auteurs modernes ont beaucoup vanté ſon mérite pour la nourriture des Vers à Soie, & ont fort recommandé de la préférer à celle de tous les Muriers greffés. Il eſt certain que ſi cette variété, de même que toutes les autres, dont la feuille eſt grande & belle, ne dégénéroit pas, il faudroit les préférer. J'ai eu un grand nombre de ces Muriers à feuille roſe, je les ai conſervé avec ſoin; d'une partie, la feuille s'eſt découpée, & de l'autre, elle eſt devenue ſi petite, qu'un très-grand nombre de ces Arbres donneroit bien peu de profit : preſque tous les Auteurs qui ont écrit du Murier, ont manqué d'expérience.

pas encore bien commune en France.

La feüille du Murier ſauvageon & celle de ces trois eſpèces de Murier franc, peuvent également ſervir de nourriture aux Vers à Soie ; mais on ſe tromperoit beaucoup, ſi pour cela on ſe perſuadoit qu'il fût indifférent de cultiver également les uns ou les autres. Ce ſera toujours relativement au plus grand produit & à la moindre dépenſe qu'il faudra faire des plantations de Murier : en effet, ſi elles ne répondent pas à ces deux objets, pour lors les frais abſorbant le produit, la chute de l'établiſſement doit néceſſairement s'enſuivre.

Le Murier ſauvageon ne produit qu'une feüille petite, ſeche & fort découpée, & par conſéquent fournit très-peu. Le Murier franc en donne une grande, fort nourriſſante, & qui profite beaucoup : il croit auſſi infiniment plus promptement ; mais il dure beaucoup moins. Le ſauvageon n'eſt pas encore dans ſa force, que le franc eſt dans ſa décrépitude. Si l'on joüit bien plus long-tems de l'un, on joüit auſſi beaucoup plûtôt de l'autre.

Deux arpens de terre, plantés en Muriers ſauvageons, produiront moins de feüilles qu'un ſeul planté en Muriers francs; ainſi il eſt certain qu'en ne cultivant que de ces derniers, on augmente le produit, on ménage le terrein, & on épargne les frais de culture. En peſant tous ces avantages de part & d'autre, je crois qu'on n'heſitera pas à ſe déterminer pour celui de joüir plus promptement, avec moins de dépenſe & plus de profit.

En Languedoc où l'on cultive le Murier depuis plus de deux ſiécles, & où par conſéquent on doit être bien éclairé ſur le choix & ſur les avantages de la culture des uns & des autres, l'uſage conſtant eſt de ne planter que des greffés. Que peut-on faire de mieux, que de ſuivre l'exemple d'une Province dont le Murier eſt regardé comme la principale richeſſe? (a) Il eſt donc évident que le Murier

(a) On eſt d'abord ſurpris que Meſſieurs les Elus, toujours attentifs à ce qui peut contribuer à accroître les richeſſes de cette Province, bien inſtruits de toute l'importance du commerce des Soies, & qui en conſéquence ont formé des Pépinieres de Muriers pour encourager

franc l'emporte de beaucoup ſur le ſauvageon, relativement à la culture & au produit de la feüille.

Il faut préſentement examiner s'il conſerve ſes avantages ſur ce dernier, relativement aux Vers à Soie.

Je n'entrerai dans aucun détail ſur l'éducation de cet Inſecte. Je ne me ſuis propoſé pour ſeul & unique objet, que de faire voir les qualités que le Murier doit avoir néceſſairement, & le choix qu'on doit en faire, perſuadé que c'eſt par-là qu'il faut commencer, & que lorſqu'on ſera pourvû d'Arbres bien conditionnés, on ſera bien-tôt inſtruit de la façon de l'élever.

Un grand nombre d'Auteurs ont écrit

---

ce bel établiſſement, ne ſe ſoient point modelé ſur l'uſage conſtant du Languedoc & du Piémont, pour régler la qualité des Muriers qu'on devoit diſtribuer; mais en réfléchiſſant ſur la nature de l'établiſſement, on s'apperçoit bientôt qu'on ne pouvoit rien faire de mieux que ce qui a été fait. Perſonne alors ne connoiſſoit dans la Province, le Murier, & ne s'étoit occupé de ſa culture; il fallut bien s'en rapporter au Cultivateur qu'on avoit fait venir, qui perſuada ſans doute qu'il falloit donner la préférence au Sauvageon, comme beaucoup de gens peu au fait, le penſent.

ſur l'éducation du Ver à Soie, d'une façon très-circonſtanciée & très-étenduë ; mais je dois avertir qu'il y a un choix à faire. La plûpart n'ont écrit que ſur des oüi dire, & n'ont fait aucune expérience par eux-mêmes ; auſſi leurs écrits ne ſont-ils remplis que de détails minutieux, de petites pratiques, & de beaucoup de préjugés. Je ne connois qu'un ſeul Auteur (Mr. l'Abbé Boiſſier de Sauvage, de l'Académie de Montpellier) qui en ait parlé en Phyſicien & en homme inſtruit par une longue expérience qui lui a apris à modeler ſes opérations ſur celles de la nature, à ſecouer tous les préjugés, & à établir ſa méthode ſur des principes ſurs. Je ne ſaurois trop recommander de profiter des veilles de cet excellent Auteur. Je l'ai ſuivi avec le plus grand ſuccès, & je ſuis perſuadé que tous ceux qui le prendront pour guide, auront la même réuſſite. (*a*) La feüille du

(*a*) L'année derniere, je fis éclore une once & demie de graines de Vers à Soie, dans une étuve aſſez ſemblable à celle dont Mr. l'Abbé Boiſſier de Sauvage donne la deſcription dans ſes Mémoires ; la couvée réuſſit

Murier eſt la ſeule nourriture qui puiſſe convenir aux Vers à Soie. Toutes les tentatives qu'on a fait juſqu'ici pour lui en ſubſtituer une autre, ont toutes été infructueuſes. (*a*) Il n'eſt donc queſtion

---

parfaitement ; l'éducation auroit eu également tout le ſucces que je pouvois en attendre, ſi ſur la fin je n'avois pas manqué de feuilles, & c'eſt particuliérement le temps où il ne faut pas que ces Inſectes manquent un inſtant de nourriture. Sans cet inconvénient, j'aurois eu tout au moins douze livres de Soie, & mes Vers auroient filé au bout de vingt-cinq jours, ce qui eſt ſurprenant ; ils en vivent ordinairement quarante à quarante-cinq.

Ce manque de nourriture en fit périr un grand nombre, le reſte n'a donné que des cocons foibles ; ce qui a fait que je n'ai eu que quatre livres d'organſin, & beaucoup de rebut.

(*a*) Pluſieurs Auteurs ont écrit, & c'eſt en conſéquence un préjugé aſſez généralement reçu dans le Public, que dans une diſette de feuilles de Muriers, on peut donner aux Vers à Soie, des feuilles de ronce, d'orme ou d'ortie, ſous prétexte d'une prétendue analogie. J'ai éprouvé pluſieurs fois d'en nourrir quelques Vers, ils n'y ont jamais touché ; & m'étant obſtiné à ne vouloir pas leur en donner d'autres, croyant que la faim pourroit peut-être les obliger à en manger, & qu'inſenſiblement je pourrois les y accoutumer, ils ſont tous morts, plutôt que de vouloir y toucher. Voilà comme la plupart des Auteurs écrivent, ſans avoir auparavant éprouvé ce qu'ils avancent. Quand on parviendroit à nourrir les Vers à Soie de ces feuilles, il ſeroit queſtion de ſçavoir ſi elles leur feroient rendre de la Soie ; il

que de ſe déterminer ſur ſa meilleure qualité.

On pouroit peut-être, malgré l'inégalité de la température de notre climat, abandonner le Ver à Soie ſur le Murier; mais ayant les mêmes ennemis à redouter que la Chenille, à peine en échaperoit-il quelques-uns pour perpétuer l'eſpèce. (a) On eſt donc obligé de les renfer-

---

n'eſt que la feuille ſeule du Murier qui puiſſe leur convenir : la Nature la leur a aſſigné pour unique nourriture

(a) J'ai tenté deux fois d'élever des Vers à Soie en plein air; la premiere fois je mis une certaine quantité de Vers nouvellement éclos ſur des petits Muriers en buiſſon; il n'y en eut qu'un ſeul qui vint juſqu'au moment de filer, puis il diſparut tout d'un coup; les autres furent ſucceſſivement détruits par les Oiſeaux & par les Inſectes. Je ne remarquai pas que les petites gelées, ni les grandes chaleurs, ni les pluies d'orage en fiſſent périr aucuns; leur peu d'induſtrie pour paſſer ſur une autre branche, quand ils avoient dépouillé celle ſur laquelle ils étoient, étoit la cauſe de la perte d'un grand nombre. Les grands vents, en les faiſant tomber des branches, leur faiſoient auſſi beaucoup de tort, parce qu'ils n'avoient pas l'induſtrie de gagner le pied de l'Arbre pour y remonter, & ils devenoient bientôt la proie des Perce-Oreilles, d'une grande quantité de petits Scarabées, & des Fourmis qui montoient même ſur les Arbres pour leur faire la guerre.

L'année derniere j'ai voulu encore éprouver ſi des Vers

mer dans des chambres pour les garantir de leurs ennemis, & pour en tirer un parti avantageux. Il faut cuëillir la feüille du Murier, & la leur aporter, ce qui occasionne une dépense plus ou moins considérable, selon sa qualité; c'est ce qui fait qu'on doit se proposer, pour l'éducation du Ver à Soie, le même objet que pour les plantations, de faire beau-

---

plus forts réussiroient mieux; j'en mis deux cent au sortir de la seconde mue, sur une palissade de Murier très-touffue; je ne m'apperçus pas plus que la premiere fois, que la pluie ni ces alternatives de chaud & de froid, si ordinaires dans notre climat, en fissent périr. La position de la palissade les mettant à l'abri des vents, il n'en tomba point, ou bien peu; mais leur grand fléau a été les Oiseaux. Il y a très-proche un petit bois qui leur servoit de retraite, & si-tôt qu'on approchoit la palissade, on les en voyoit sortir par grandes troupes; enfin il n'en est échappé que sept des deux cent, qui ont filé de très beaux cocons très-durs & bien étoffés.

Est-il dans l'ordre de la nature, qu'une partie des êtres doive servir à la nourriture de l'autre? Ou, ce qui paroît beaucoup plus vraisemblable, ne seroit-ce pas plutôt une contravention à ses Loix? Ce n'est pas ici le lieu d'agiter cette grande question; il suffit d'être convaincu qu'il ne seroit pas impossible d'élever ici les Vers à Soie sur les Muriers, mais ces éducations champêtres ne rendroient aucun profit.

Le Ver à Soie, de même que toutes les autres espèces de Chenilles, est la proie d'une infinité de différens Insectes & d'un grand nombre d'Oiseaux. Mr. de

coup avec le moins de dépense possible.

La feüille du Murier sauvageon fait rendre aux Vers une Soie d'une bonne qualité, mais en petite quantité ; celle du Murier franc lui en fait rendre une bien plus grande quantité, & d'une qualité égale. (*a*)

Reaumur a observé qu'un seul Moineau qui avoit des petits, détruisoit quatre cent Chenilles par jour ; le Ver à Soie ne paroît même pas avoir autant d'instinct pour pourvoir à sa conservation.

L'espèce de Vers à Soie que nous avons en Europe, même à la Chine qui est son Pays naturel, s'éleve dans les maisons ; ce qui est une preuve sans réplique, qu'on n'y trouve pas plus d'avantage qu'ici à les abandonner sur les Arbres, & qu'ils y ont les mêmes ennemis à redouter.

Il y a à la Chine, outre le Ver à Soie que nous connoissons, deux autres espèces qu'il seroit bien à souhaiter que nous eussions aussi ; ce sont ces deux espèces qu'on abandonne sur les Arbres, peut-être ne pourroit-il pas être élevé dans des chambres ; & c'est sans doute ce qui a induit à erreur ceux qui ont écrit qu'on y faisoit la récolte de la Soie sur les Arbres.

(*a*) Cependant il y a beaucoup d'Auteurs qui ont écrit le contraire, particuliérement celui d'un petit Traité donné dans le Journal Œconomique, & tout récemment imprimé séparément, & qui ont prétendu que la Soie qui provenoit du Murier sauvageon, étoit d'une qualité supérieure à celle du Murier greffé : l'expérience a manqué à l'Auteur de cette assertion.

J'ai fait il y a deux ans, une éducation de Vers à Soie, avec de la feuille uniquement de Muriers sauva-

La feüille du Murier ſauvageon fournit donc peu de Soie par ſa ſécheresse, elle profite peu par ſa petitesse, & par la difficulté de la cueillir, elle occaſionne des frais conſidérables, particuliérement ſur la fin de l'éducation où le Ver à Soie

---

geons ; l'année derniere je ne leur ai donné après la ſeconde mue, que de la feuille du Murier greffé; je n'ai remarqué, de même que des gens très-connoiſſeurs dans cette partie, aucune différence dans la Soie de ces deux éducations, ni pour la force, ni pour la fineſſe, ni pour le luſtre.

C'eſt le terrein ſeul & le climat qui peuvent influer ſur la qualité de la Soie; on remarque que celle des Pays chauds eſt inférieure à celle des Pays tempérés; mais ce qui réellement y influe beaucoup, c'eſt le ſol. Les Muriers plantés dans un fonds gras & humide, doivent donner une nourriture plus groſſiere que ceux qui ſont dans un fonds ſec; & c'eſt ce qui doit certainement produire quelque différence dans la fineſſe & le brillant de la Soie.

S'il eſt donc vrai que la feuille du Murier greffé ne diminue rien de la qualité de la Soie, il ne l'eſt pas moins qu'elle en fait rendre au Ver une plus grande quantité que celle du Sauvageon; mais quand même il n'auroit que cet avantage ſur ce dernier, il devroit lui être préferé.

Au reſte, la Soie de Bourgogne eſt ſupérieure à celle du Languedoc, & les connoiſſeurs n'y trouvent point de différence avec celle du Piémont. On peut ajouter encore, que la plus grande partie des Muriers du Piémont & de toute la plaine de Lombardie, ſont plantés dans des fonds gras & humides.

en consomme les trois derniers jours de sa vie, deux fois autant qu'il en a consommé jusques-là.

La feüille du Murier franc, au contraire, fournit une Soie abondante, profite beaucoup à raison de sa grandeur, & épargne beaucoup de frais par la facilité qu'on a de la cueillir; tous ces avantages réunis, ne permettent pas, ce me semble, d'hésiter à donner la préférence au Murier franc; (*a*) mais il est un choix

(*a*) La feuille du Murier Sauvageon est si petite, si séche, sa tête est formée par un si grand nombre de petites branches, ce qui augmente encore la difficulté de la cueillir, que quatre personnes en fournissent moins, qu'une seule ne feroit avec des Muriers greffés; au contraire, ce dernier fournit beaucoup, il pousse des jets longs & droits, ce qui facilite extrêmement la cueillette de la feuille; il ne faut que glisser la main tout le long de la branche & tirer à soi, en fort peu de temps on en cueille ainsi une grande quantité.

Si on n'avoit que des Muriers sauvageons, le grand nombre d'Ouvriers qu'on seroit obligé d'employer, emporteroit certainement tout le profit qu'on pourroit faire : on en va mieux juger par le détail suivant.

Il faut, pour nourrir les Vers à Soie provenans d'une once de graine ou d'œufs, ce qui est la même chose, environ quinze cent livres de feuilles; ils en consomment au moins deux fois plus les trois derniers jours de leur vie, que pendant toute l'éducation. Qu'on juge par là de la dépense & de l'embarras où l'on se trouveroit,

à faire, & l'on ne doit point entiérement rejetter le Sauvageon.

Ce Murier pousse sa feüille plutôt que le franc; on en doit donner aux Vers depuis la naissance jusqu'à la seconde mue. (*a*) Comme elle est très-tendre, elle

---

si ayant une nombreuse éducation à fournir, on n'avoit que des Muriers sauvageons, & sur-tout si le temps étoit à la pluie, la feuille mouillée étant un poison pour les Vers à Soie, il faudroit rassembler un grand nombre d'Ouvriers qui absorberoient en entier le profit qu'on pourroit faire.

Je suis convaincu par ma propre expérience, qu'il n'y a que le Murier greffe qui puisse introduire en Bourgogne l'éducation du Ver à Soie. En effet, dans tous les nouveaux établissemens qu'on se propose, on doit toujours avoir pour objet de multiplier les produits, sans pour cela multiplier la dépense; & j'ose assurer que si on ne se modele pas sur ce principe, on ne réussira jamais.

(*a*) La Nature a divisé en cinq âges, la vie du Ver à Soie par quatre mues; le premier âge se compte depuis la naissance à la premiere mue, ainsi de suite; le cinquiéme commence après la quatriéme mue, & finit au temps où il file.

La mue n'est pas un temps de repos, c'est au contraire un temps laborieux pendant lequel le Ver à Soie s'occupe, au risque même de la vie, à se débarrasser d'une peau qui étant devenue trop étroite, & ne se dilatant pas en proportion avec l'amendement de son corps, l'empêchoit de croître: tout le soulagement qu'on peut lui procurer pendant ce temps critique, est de le tenir chaudement & de ne le pas déranger.

convient parfaitement à l'état de foiblesse de cet âge, & ils en consomment si peu, qu'on n'est pas embarrassé de la leur fournir, quelque considérable que soit l'éducation.

De toutes les espèces de Muriers francs, celle qui a la plus petite feüille, & qu'on appelle le Murier Colombat, doit être préférée aux autres, & l'on peut très-bien s'en tenir à celle-là seule.

Cependant la feüille du Murier d'Espagne & du Murier Romain, peut être employée pendant la brisse; (*a*) mais on ne doit la servir aux Vers, surtout si l'Arbre est planté dans un terrein gras & humide, où elle vient ordinairement trop forte & trop substantielle,

(*a*) La brisse ou freze arrive trois ou quatre jours après la quatriéme mue, & dure autant; c'est le temps du grand appétit des Vers à Soie. Ils consomment, comme je l'ai déjà dit, deux fois autant de feuilles pendant ce court espace, qu'ils ont fait depuis leur naissance. On ne sauroit apporter trop d'attention à satisfaire l'appétit dévorant de ces Insectes; il ne faut jamais les laisser un seul instant sans nourriture, sans quoi ils traînent beaucoup, & ne filent que des cocons foibles & mal étoffés.

qu'après l'avoir fait tranſpirer. (*a*)

La ſeule objection qu'on puiſſe faire contre le Murier greffé, eſt ſon peu de durée; il pourroit cependant très-bien ſe faire que dans ce climat ici qui eſt tempéré, elle fût beaucoup plus grande que dans la partie méridionale de la France, où les pluies moins fréquentes, & le terrein plus deſſéché par l'ardeur du Soleil, ſe trouve bien plutôt épuiſé par la grande diſſipation que fait cet Arbre des ſucs nourriciers. C'eſt le temps ſeul qui peut juſtifier cette conjecture, auſſi-bien que l'efficacité d'un moyen que je propoſerai dans le Chapitre ſuivant, pour prolonger ſa durée, ſans cependant pour cela changer ſa qualité.

(*a*) Voici comme on fait tranſpirer cette feuille; on l'étend ſur un drap, au grand ſoleil pendant l'eſpace d'une demi-heure, après quoi on l'enveloppe dans le même drap, en en liant les quatre coins enſemble, puis on l'apporte à la maiſon où l'on la laiſſe ainſi encore une demi-heure, enſuite on l'étend dans un endroit frais, & on ne la ſert au Ver que le lendemain: cette tranſpiration eſt néceſſaire pour diſſiper le trop de flegmes qu'elle contient, & qui deviendroit pernicieux aux Vers à Soie.

CHAPITRE III.

Des différentes manieres de multiplier le Murier.

ON multiplie le Murier par la ſemence ; ſa graine reſſemble aſſez au millet : elle eſt renfermée dans la mure. (*a*) On ne doit la prendre que ſur les Arbres greffés, & particuliérement ſur le Murier d'Eſpagne ; ſa graine, à ce que l'on prétend, produit des Arbres plus beaux, & dont la feüille eſt moins découpée. (*b*)

Dans les Pays chauds, on ſeme le Mu-

(*a*) Lorſque les mures ſont dans leur parfaite maturité, ce qui ſe connoît quand elles tombent de l'Arbre, on en prend une certaine quantité, on les met dans un crible que l'on plonge dans un baquet d'eau ; on les écraſe en les frottant entre les mains ; la graine ſe détache, paſſe par les trous du crible, & tombe au fond du baquet, d'où on la retire pour la faire ſécher & la conſerver juſqu'au Printemps ſuivant.

(*b*) Je n'ai pu en faire l'expérience, ne m'ayant pas été poſſible juſqu'ici de me procurer des Muriers d'Eſpagne, ni d'en avoir de la graine ; mais je ſuis très-diſpoſé à croire que les productions de cette graine doivent participer aux qualités de l'Arbre d'où elles ſortent.

rier en pleine terre, & auſſi-tôt que la graine eſt recueillie ; mais ici il faut attendre le Printemps ; le véritable temps eſt le mois d'Avril ; ſi l'on la ſemoit au mois d'Août, les jeunes Muriers n'auroient pas le temps néceſſaire pour ſe fortifier avant les premieres gelées, & l'Hiver n'en laiſſeroit pas un ſeul. (a)

On pourroit ici très bien ſemer auſſi les Murier en plein champ dans une terre bien amandée ; mais on doit préférer de les ſemer ſur couche : il n'y a nulle comparaiſon à faire entre les uns & les autres. Le Murier croît ſur couche infiniment plus vite ; il y prend beaucoup de corps en peu de temps ; ſon écorce eſt plus belle ; il y acquiert une force & une vigueur qu'il conſerve dans tous les âges, & réuſſit dans toutes les ſortes de terreins où l'on le plante par la ſuite ; il y fait des progrès beaucoup plus rapides ; on s'apperçoit de la vigueur que lui donne la

(a) C'eſt ce qui m'eſt arrivé, ayant recueilli de la graine ſur un jeune Murier ; je la ſemai tout de ſuite, elle leva très-bien, mais l'Hiver quoique fort doux, n'en laiſſa pas un ſeul.

couche,

couche, aussi-tôt qu'il est planté en Pépiniere. (*a*)

On fait avec le Murier de semence, des palissades. La greffe du Murier ne réussissant que sur le Murier, quoique plusieurs Auteurs aient écrit qu'elle réussissoit aussi sur l'Orme; on s'en sert pour greffer les belles espèces; il est certain que quand il pourroit être vrai qu'il y eût quelques autres sujets sur lesquels la greffe pût réussir, il seroit toujours plus

---

(*a*) J'ai semé des Muriers en pleine terre, dans un terrein excellent & bien amandé; quelque soin que j'en aie eu, ils sont venus noueux, n'ont fait que de foibles progrès relativement à ceux qui avoient été semés sur couche dans le même temps, & ils n'ont jamais eu la vigueur de ces derniers. Actuellement ils sont encore en Pépiniere, & les autres sont plantés à demeure; enfin, il semble qu'il y ait entre eux une différence d'âge de trois ans. Ceux qui ont été élevés sur couche, au moyen de la méthode avec laquelle je les gouverne, ont eu la seconde année cinq à six pieds de hauteur, & près de trois pouces de circonférence par le bas; ils ont crû où je les ai mis, avec une promptitude singuliere; la greffe même que l'on confie à ces sujets vigoureux, réussit infiniment mieux. Cette expérience m'a appris à ne jamais semer que sur couche.

Je suis convaincu qu'il en est de même pour toutes les autres espèces d'Arbres, & qu'ils réussiroient toujours beaucoup mieux dans toutes les sortes de terreins où on les planteroit, si l'on prenoit la précaution de

naturel de se servir du Murier. (*a*)

On perpétue & on multiplie par la greffe, les belles espèces du Murier; l'opération de la greffe est certainement ce qu'il y a de plus important dans sa culture, même par rapport à l'éducation des Vers à Soie. Par son moyen on change

---

ne les élever que sur couche, de même que les Arbres qu'on éleve par la voie de la bouture.

Il semble que ce soit au berceau, que le tempérament, non-seulement des animaux, mais aussi celui des végétaux, se forme. Les Arbres qui naissent de graine dans les forêts, la Nature les y éleve sur couche; c'en est une véritable en effet, que le terrein des bois; rien n'est si excellent; il n'est jusqu'à une certaine profondeur plus ou moins grande, selon l'ancienneté du bois, qu'un pur terreau formé par les débris des branches & par la chute annuelle des feuilles. Pour se convaincre de l'excellence de cette terre, on n'a qu'à s'en servir pour les Orangers, & pour planter les espaliers de Pêchers & d'Abricotiers.

(*a*) Mr. Duhamel, ce Philosophe à qui l'Humanité a tant d'obligations, avoue qu'il a inutilement tenté de greffer le Murier sur l'Orme. Quoiqu'il y ait bien de la témérité à prétendre réussir où un tel homme a échoué, je l'ai cependant tenté aussi, mais sans succès. A vrai dire, on n'auroit pas tiré de cette réussite, un grand avantage; il eût toujours fallu, pour se procurer des Ormes, les multiplier par la semence, & le Murier vient tout aussi facilement par cette voie; & comme je l'ai déjà dit, il sera toujours beaucoup plus naturel de greffer le Murier sur lui-même, que dessus toutes autres espèces d'Arbres.

la petite feüille d'un Sauvageon qui ne donneroit que peu de profit, en une grande feüille qui profite beaucoup, & qui fait rendre au Ver une plus grande abondance de Soie; l'Arbre greffé croît infiniment plus vîte, & l'on en jouit beaucoup plutôt : avantage très-grand, selon moi.

On peut greffer le Murier par toutes les méthodes usitées, mais cependant l'usage est de n'employer que la greffe en flûte & celle en écusson.

La greffe en flûte est peut-être de toutes les façons de greffer, la plus difficile; elle consiste à lever sur une branche de Murier de belle espèce, un anneau d'écorce qui ait au moins un bon œil, & de le glisser sur l'aubier du sujet, après en avoir enlevé l'écorce; il faut par conséquent que la branche du franc sur laquelle on enleve la virole, soit exactement de la même grosseur que le sujet sur lequel on l'insinue. En effet, si l'anneau ne joignoit pas exactement, la greffe ne réussiroit point; au contraire, si le Sauvageon étoit trop gros, il la feroit fendre, ce qui empêcheroit également la réussite.

La greffe en écusson est bien plus facile ; mais comme on prétend que le jet qu'elle pousse, se décolle facilement de dessus le sujet, on ne pratique en Languedoc, à cause des vents impétueux qui y régnent presque toujours, que la greffe en flûte qui n'a pas le même inconvénient ; mais ici où les vents sont beaucoup moins fréquens & moins violens, il faut donner la préférence à l'écusson en faveur de la facilité de l'opération.

On greffe, soit en écusson, soit en flûte, à la seve du Printemps & à celle d'Automne, mais on ne doit absolument greffer le Murier en Bourgogne, qu'à la premiere seve ; si l'on attendoit à la seconde, le jet de la greffe n'ayant pas eu le temps de murir, l'Hiver le détruiroit infailliblement. (*a*) Personne n'ignore la maniere de greffer en écusson ; la pratique en est la même pour le Mu-

(*a*) J'ai greffé des Muriers à la seve d'Août, qui pousserent de très-beaux jets ; mais l'Hiver, quoiqu'assez doux, ne m'en laissa pas un seul.

rier, que pour tous les autres Arbres ; il faut ſeulement avoir l'attention de ne le greffer que lorſqu'il n'y a plus rien à craindre des petites gelées.

Comme il faut greffer le Murier ſur lui-même, on ne ſauroit abſolument dire qu'on le multiplie par la greffe, puiſque multiplier une choſe, c'eſt en augmenter le nombre ; mais on le multiplie réellement par le provin, la marcotte & la bouture.

On appelle provin ou rejetton, les jets qu'un Arbre pouſſe de ſon pied ; en coupant au Printemps un Murier contre terre, la ſouche pouſſe auſſi-tôt pluſieurs jets ; pour leur faire prendre racine, il ne faut que les coucher en terre au Printemps ſuivant, & les y aſſujettir au moyen d'un petit crochet de bois ; l'année ſuivante, ils ont aſſez de racines pour être plantés en Pépinieres : cette opération s'appelle provigner.

Cette méthode n'eſt guéres praticable que ſur des Muriers ſauvageons que l'on peut couper auſſi bas que l'on le juge à propos, & ne ſauroit procurer que des ſujets pour greffer. En ce cas, la voie de la ſemence eſt préférable ; la greffe réuſſit toujours beaucoup mieux ſur le Murier venu de graine. On peut cependant ſe procurer par cette pratique, des Muriers qui aient la même qualité que les francs, ce qui eſt d'un grand avantage ; mais pour lors étant obligé de ſe ſervir de Muriers greffés, la pratique eſt différente.

On ne peut enter un Murier, & même tout autre Arbre, plus bas que quatre à cinq pouces au deſſus de la terre, & cela pour éviter que l'enture ne puiſſe jamais être enterrée : ainſi il eſt certain que ſi l'on coupoit un Murier greffé à raſe terre, ce ne ſeroit plus le franc qui donneroit des jets, mais le ſauvageon. Il faut donc abſolument le couper à quatre ou cinq travers de doigts au deſſus de la greffe ; pour lors les jets qui ſortiront à cette hauteur, ne pouvant plus être couchés en terre, il faudra, pour obvier à cet inconvénient, avoir recours à un expédient qui eſt bien ſimple.

Il n'eſt queſtion que de planter au fond

d'un foſſé, des jeunes Muriers greffés, ou même de les y greffer. Ce foſſé doit avoir un pied de profondeur, & environ huit pouces de largeur. Il faut donner à ce foſſé, autant que l'arrangement du terrein peut le permettre, une direction de l'Eſt à l'Oueſt, ou du Couchant au Levant, ce qui eſt la même choſe. Au moyen de cet arrangement, il eſt facile d'enterrer à droite & à gauche les jeunes pouſſes de la greffe, ſans riſquer de les éclater : c'eſt toujours au Printemps que l'on les enterre, mais auparavant il eſt néceſſaire d'en venir à une ſorte d'opération, pour leur faire prendre racine & plus ſûrement & plus facilement.

Cette opération ſe fait de pluſieurs manieres ; ordinairement on coupe la branche à mi-bois, puis on la fend dans une longueur d'environ quatre à cinq pouces, & l'on fixe en terre la partie détachée, au moyen d'un petit crochet.

Je me ſuis apperçu que cette méthode avoit des inconvéniens qui devoient la faire rejetter. Souvent l'entaille que l'on fait à la branche pour lui faire prendre racine, y occaſionne des chancres qui par la ſuite ſont la cauſe de la ruine de l'Arbre. Je me ſers d'une autre méthode plus ſûre & plus facile, & qui n'eſt ſujette à aucun inconvénient.

J'enleve dans l'endroit où la branche peut être couchée en terre, un anneau d'écorce, d'un travers de doigt de largeur, & cela au Printems, dans le tems que le bois commence à être bien en ſeve; j'entoure l'endroit où j'ai enlevé l'écorce, avec une ficelle cirée; je la ſerre le plus qu'il m'eſt poſſible, après quoi j'aſſujettis la branche dans une petite foſſe; je la couvre de terreau; je la raccourcis de façon qu'il n'y ait qu'un ou deux yeux hors de terre, & j'ai ſoin de la faire arroſer ſouvent. On apelle ce procédé, marcotter, & marcotte la branche ainſi préparée.

On peut auſſi pratiquer la même opération ſur des Muriers greffés de haute tige; en ce cas il ne faudroit qu'ajuſter à la branche un petit panier ou quelque autre choſe qui pût contenir de la terre, & avoir ſoin d'arroſer ſouvent.

(*a*) Au mois d'Avril de l'année ſuivante, on enleve toutes ces marcottes, qui ſe trouvent bien enracinées, on les plante en pépiniere, & elles ſervent à faire des Arbres de haute tige, ou des buiſſons.

On apelle bouture une branche d'arbre que l'on plante en terre pour lui faire prendre racine. Toutes les eſpèces d'Arbres peuvent peut-être venir de bouture, mais les uns plus facilement que les autres. Par exemple, c'eſt la ſeule façon de multiplier les Arbres aquatiques. On en prend une branche, on la plante dans un terrein convenable, & on eſt ſûr de la réuſſite. Mais pour les autres Arbres qui n'ont pas la même facilité à ſe

---

(*a*) On peut très-aiſément, ſans le ſecours de la greffe, réuſſir à ſe procurer par cette voie, toutes ſortes d'Arbres, même des Orangers qui aient tous les avantages des greffés; les Muriers multipliés par cette méthode, l'emporteront peut-être ſur les greffes, par la durée: je dirai dans peu, ſur quoi je fonde cette conjecture.

J'ai imaginé & fait exécuter un gobelet de fer blanc, à charniere, qui s'ajuſte fort aiſement à la branche, ce qui facilite beaucoup l'opération; au reſte, je n'ai garde de me donner pour l'inventeur de cette pratique; elle eſt dûe, je crois, à M. Duhamel, à qui elle a ſervi à s'aſſurer de la circulation des deux ſeves dans les Arbres, & leurs deſtinations.

multiplier par cette voie, il faut des précautions, sur-tout dans ce Pays-ci, sans lesquelles il n'en vient point, ou bien peu. (*a*)

Le tems de planter les boutures, est le mois d'Avril. Pour multiplier ainsi le Murier, on choisit sur un Arbre greffé de bonne espèce, une belle branche de bois de l'année précédente. On a soin en la coupant, qu'il y ait une petite portion de bois de deux ans. (*b*) On prépare une couche de fumier chaud, sur lequel on met aux environs d'un piend

---

(*a*) Dans les climats chauds, tels que le Languedoc & la Provence, les Muriers, & même les Orangers y viennent de bouture, & presque sans soin ; mais ici où la nature plus marâtre, ne nous dispense ses faveurs qu'avec une main avare, il faut que l'art supplée à ce qu'elle nous refuse : chaque Pays demande une culture particuliere, elle doit être différente par-tout, & se régler sur le climat.

(*b*) On pourroit aussi prendre des boutures sur des Muriers venus de marcottes ou de boutures, puisqu'ils ont les mêmes qualités que les greffés ; mais il faut toujours les prendre sur ces derniers. J'ai remarqué quo leur production se soutenoit mieux, au lieu que celles des autres dégénerent à mesure qu'elles s'éloignent de leur source ; c'est aussi par cette raison qu'il ne faut se servir que des Muriers greffés pour faire des marcottes, & pour prendre des greffes.

d'épaiſſeur de tan, (*a*) & ſur ce tan, autant de terreau mêlé d'un quatriéme de terre franche : on y enterre la bouture de ſix ou ſept pouces au moins, & dans une poſition un peu couchée : on en coupe le deſſus ; on ne laiſſe hors de terre, qu'un ou deux yeux, & on les arroſe ſouvent, par ce moyen il n'en manque que très-peu ; aulieu qu'en les plantant en pleine terre, la réuſſite eſt bien douteuſe, & pour le peu qu'il en vînt, il en ſeroit de même que pour le Murier de ſemence ; elles n'auroient jamais ni la vigueur ni la réuſſite de celles qui ſeroient venuës ſur couche.

Par la voie de la bouture & de la mar-

(*a*) Le tan n'eſt autre choſe que de l'écorce de Chêne réduite en poudre groſſiere, dont les Tanneurs ſe ſervent pour préparer leurs cuirs : au ſortir des foſſes, on l'emploie communément à faire des mottes à brûler. On a reconnu que cette ſubſtance échauffée par le fumier, conſervoit long-temps une chaleur douce qu'elle communiquoit à la terre dont on la couvroit.

Ces couches de tan ſont fort en uſage dans les ſerres chaudes ; on y enfonce les pots des Plantes étrangeres qu'on y éleve. C'eſt auſſi un ſecret aſſuré pour faire reprendre ſûrement les Arbres qui viennent de loin, & qui ont ſouffert dans le tranſport, tels que les Orangers & autres de cette eſpèce.

cotte , on ſe procure tous les ans un grand nombre de Muriers qui ont les mêmes qualités que s'ils étoient greffés, & qui peut-être pour la durée, doivent, je crois , leur être préférés.

Le Murier greffé a tant d'avantage ſur le ſauvageon , & par la culture , & pour l'éducation des Vers à Soie , qu'il n'eſt pas ſurprenant que malgré ſon peu de durée, on lui ait donné la préférence dans tous les Pays où ſes avantages ſont bien connus. Cependant ſa vieilleſſe prématurée , a engagé pluſieurs Cultivateurs intelligens & zèlés , à rechercher avec ſoin , la cauſe & le remede à un mal qu'ils ont regardé comme très-préjudiciable au bien général & particulier. (*a*) Les uns (*b*) l'ont attribué à l'opération

---

(*a*) Au Tonquin, on ſe ſoucie peu de la durée des Muriers ; on ne donne jamais aux Vers à Soie , que de la feuille de jeunes Arbres : ſi-tôt qu'ils ont trois ou quatre ans , on les arrache pour en replanter de nouveaux. *Dampierre*, *Voyage autour du Monde.*

(*b*) Entre autre l'Auteur d'un petit Traité ſur la culture du Murier & l'éducation du Ver à Soie , imprimé dans le Journal Œconomique , & depuis peu , ſéparément : cet Auteur ne paroît avoir que de la théorie , & point de pratique.

de la greffe, & ne voyant aucun moyen d'y remédier, ont proposé en conséquence de ne planter à l'avenir que des Muriers sauvageons : certainement ce remede seroit pire que le mal. Le grand produit des plantations, (je ne cesserai pas de le répéter,) dependra toujours de pouvoir multiplier la feüille du Murier, sans pour cela multiplier l'Arbre.

Un autre (*a*) a proposé comme un moyen assuré, de greffer le Murier blanc sur le noir, qui étant plus robuste & vivant long-tems, communiqueroit infailliblement au sujet que l'on lui confieroit, toutes ses qualités. L'Auteur n'a sans doute pas fait attention que le Murier blanc sauvageon, a tout autant de force, & qu'il pousse sa carriere tout aussi loin que le noir ; ainsi ce moyen ne sauroit produire le bien qu'il en attend. Mais quand on seroit autant assuré de son efficacité, qu'on l'est peu, il resteroit encore des doutes bien fondés, sur les qualités

(*a*) Mr. Rodier, Inspecteur des nouvelles Manufactures, dans un Mémoire sur le Murier & l'éducation des Vers à Soie.

de la feüille, & il pouroit très-bien arriver que ces Arbres feüillassent beaucoup plus tard, ce qui seroit très-préjudiciable.

Enfin Mr. l'Abbé Boissier de Sauvage, dans un Mémoire sur la culture du Murier, attribuë leur prompt dépérissement à une trop grande dissipation des sucs nourriciers, occasionnée par la greffe. J'observerai cependant, que si c'en étoit là la véritable cause, il seroit peut-être facile d'y remédier, au moins en partie, à force de culture & d'engrais.

Après avoir raporté les différentes causes ausquelles on attribuë communément la fin trop prématurée du Murier greffé, je vais maintenant faire part de mes propres idées sur ce sujet, que je me garderai bien de donner comme une décision : je suis obligé auparavant, d'entrer dans un petit détail; mais je l'abregerai le plus qu'il me sera possible.

Il est certain que tous les Arbres croissent à raison de la grandeur de leurs feüilles; (*a*) c'est une vérité dont il est aisé

(*a*) Il faut supposer que chaque espèce d'Arbre soit

de ſe convaincre, & par une raiſon inverſe, tous les Arbres qui ont les feüilles les plus grandes, croiſſent auſſi avec plus de rapidité, la ſeve y circule en plus grande abondance; ils en font en conſéquence une plus grande diſſipation; leur bois eſt moins compacte, parce que les conduits de la ſeve en ſont plus ouverts; leur vie doit donc être néceſſairement moins longue, ainſi il eſt inutile de chercher à la prolonger au-delà du terme que la nature a fixé; ils fourniſſent égale-

plantée dans le terrein qui lui convient. En effet, un Arbre qui par ſa nature vient très-vîte, tel par exemple que le Platane, dont la feuille eſt très-grande, s'il étoit planté dans un terrein aride, feroit peut-être moins de progrès qu'un Cormier qui croît ſi lentement, ne feroit dans un terrein ſubſtantiel.

Les bois aquatiques qui croiſſent toujours ſi rapidement lorſqu'ils ſont dans des fonds humides & ſur le bord des rivieres, ne le font cependant qu'à raiſon de la grandeur de leurs feuilles. Le Peuplier d'Italie, cet Arbre ſi utile, qu'on ne connoît que depuis peu de temps en France, qu'on ne ſauroit trop multiplier, & dont il me ſemble qu'il feroit très-utile de former des Pépinieres publiques, ce Peuplier, dis-je, a la feuille plus grande que le nôtre; auſſi fait-il bien d'autres progrès.

Cette vérité de la croiſſance des Arbres à raiſon de la grandeur de leurs feuilles, eſt ſi conſtante, que parmi les Muriers ſauvageons plantés dans le même terrein, ceux qui ont la feuille la plus grande, viennent toujours le plus promptement.

ment leur carriere, mais à la vérité, dans un eſpace beaucoup plus court ; il faut ſeulement chercher à prévenir les maladies qui peuvent encore en abreger la durée. C'eſt en effet aux maladies du Murier greffé, qu'on doit attribuer ſa fin trop précipitée ; il eſt queſtion d'en rechercher la cauſe pour y aporter le remede ; ou bien ſi le mal ſe trouve inſéparable de l'opération de la greffe, il faut chercher à lui ſubſtituer un autre Murier qui ſans être greffé, en ait cependant toutes les qualités.

Il circule dans le Murier comme dans tous les autres Arbres, deux ſeves, l'une qui deſcend, & l'autre qui monte ; il en circule la plus grande partie entre l'aubier & l'écorce, le reſte filtre dans le corps ligneux, pour y porter la vie & l'accroiſſement, à travers une infinité de petites ouvertures qui n'affectent entre elles aucune forme déterminée, & qui ſont plus ou moins grandes & multipliées, ſelon la nature de l'Arbre. (*a*)

(*a*) Les bois les plus durs, ſont les moins poreux ;

La ſeve qui deſcend, eſt employée particuliérement à l'accroiſſement des racines; elle eſt fournie par les pluies, les roſées, & ſur-tout par le nitre de l'air qui s'inſinue par les pores des feüilles. Ainſi, plus les feüilles ſont grandes, plus elles préſentent de ſurface à l'air, & plus elles portent aux racines une abondante nourriture, qui par là s'étendant beaucoup, & embraſſant un plus grand champ, fourniſſent une abondance de ſeve dont il ſuit néceſſairement un accroiſſement très-rapide. Voilà pourquoi tous les Arbres qui ont les feüilles les plus grandes, en ſuppoſant qu'ils ſoient plantés dans un terrein qui leur convienne, croiſſent toujours plus rapidement; & que les Arbres qui doivent croître le plus rapidement, ont

---

delà vient leur peſanteur. La ſeve ayant moins de facilité à s'y introduire, ils en conſomment peu, ſont plus long-temps à épuiſer le terrein, & en conſéquence croiſſent lentement : leur feuille n'eſt jamais grande.

Il faut cependant excepter de cette régle, les bois raiſineux, comme le Sapin qui croît lentement, quoique ſon bois ſoit très-poreux; ſes feuilles à la vérité ſont très-petites, mais très-multipliées : il faut ſans doute que la plus grande partie de la ſeve ſe convertiſſe en réſine.

toujours la plus grande feuille, ou la plus multipliée, ce qui peut-être revient au même; ils ont aussi les pores de leur bois beaucoup plus ouverts, & cela pour laisser un plus libre cours à l'abondance de la seve. On peut s'assurer de la vérité de ces assertions, par le procédé que j'ai indiqué pour la génération des Marcottes.

En effet, si on enleve un anneau d'écorce à une branche d'Arbre, qu'on lie fortement avec une ficelle cirée, l'endroit découvert de l'aubier, il se forme aussi-tôt deux bourrelets, l'un au dessus, & l'autre au bas. Le premier est formé par la seve qui descend, & en fort peu de temps il en sort des racines; celui du bas est formé par la seve qui monte, & il en sort des petits bourgeons: cette expérience prouve invinciblement la destination de ces deux seves. La branche cependant ne meurt pas pour cela; elle pousse foiblement, à la vérité, ce qui prouve qu'il circule à travers les pores du bois, une assez grande portion de seve. La multiplicité ou la grandeur des conduits de la ſeve, eſt toujours à raiſon de la grandeur des feüilles. Dans les terreins ſecs, où les ſucs nourriciers ſont moins abondans, les feüilles diminuent toujours de grandeur; pour lors ces conduits de la ſeve ſe retréciſſent auſſi, mais d'une maniere uniforme & inſenſible dans toute l'étenduë de l'Arbre; en vieilliſſant, l'épuiſement des ſucs, quoiqu'il ſoit planté dans un terrein ſubſtantiel, produit auſſi le même effet.

Ces effets naturels influent également ſur le Murier comme ſur tous les autres Arbres; mais de plus, il incline encore par ſa nature, à une dégradation qui lui eſt propre. Il n'y a que l'opération de la greffe qui puiſſe l'empêcher & qui puiſſe fixer l'état de la variété qu'on veut perpétuer.

L'opération de la greffe ayant fixé l'état de l'Arbre, les feüilles reſtent toujours grandes, & par l'abondance des ſucs qu'elles fourniſſent, elles maintiennent les pores du bois de la partie greffée, toujours très-ouverts. Au contraire, ceux du ſujet diminuent de grandeur par les effets de cette dégradation qui lui eſt naturelle ; ce qui lui doit néceſſairement occaſionner, par l'abondance de la ſeve qui vient des feuilles, un déchirement dans ſon bois, & dans ſes racines, un accroiſſement forcé, qui en peu de temps les rend chancreux ; alors les racines ſe trouvant hors d'état de fournir autant qu'elles reçoivent, on voit l'Arbre périr en détail, & enfin ſe détruire totalement. (*a*)

(*a*) J'ai examiné au Microſcope des petits morceaux de bois d'un très-grand nombre de Muriers ſauvageons de même âge, & plantés dans le même terrein, j'en ai toujours trouvé les pores plus ou moins grands, à raiſon de la grandeur de leurs feuilles. J'ai toujours remarqué auſſi, qu'à meſure que leurs feuilles diminuoient de grandeur, les pores de leurs bois en diminuoient auſſi, & leurs accroiſſemens devenoient moins rapides. Il eſt vraiſemblable de croire que la diminution dans la grandeur de la feuille au Murier, n'eſt occaſſionnée que par le rétréciſſement des pores de l'Arbre.

Je n'ai pas remarqué cette dégradation dans les Muriers greffés ; au contraire, ils ſe maintiennent ſans preſque d'altération, à moins qu'ils ne ſoient plantés dans un terrein aride, & cela par une propriété ſinguliere attachée à l'opération de la greffe. J'ai jugé aiſément qu'une dégradation ſi prompte dans les variétés de cet Arbre, lui étoit naturelle, & qu'elles ne pouvoient être fixées que par la greffe ſeule ; mais qu'en même-temps ſe trouvant peu d'analogie entre le franc & le ſujet, il devoit néceſſairement en réſulter les effets que j'ai rapportés.

Pour me convaincre encore davantage de la vérité de

L'opération de la greffe par elle-même, n'accelere point la perte du Murier ; elle ne l'occasionne, que parce qu'elle fixe son état, & que le Sauvageon ayant une disposition naturelle à dégénérer, il se trouve toujours, à mesure que le Murier greffé vieillit, moins d'analogie entre le bois du sujet & celui du franc ; delà viennent les maladies qui causent le trop prompt dépérissement de l'Arbre. Pour remédier à cet inconvénient, il faudroit donc pouvoir trouver un sujet qui eût moins de disposition à se dégrader. Les Muriers venus de marcotte & de bouture, me paroissent être exempts de ce défaut, puisque leurs feüilles se maintiennent toujours grandes & belles, & ne

---

cette observation, je coupai dans une branche qu'avoit poussé le sauvageon d'un Murier greffé, un morceau de deux pouces de longueur, que je réduisis environ à un pouce de diametre ; je coupai sur la partie greffée du même Arbre, un autre morceau de même longueur ; je les rendis l'un & l'autre les plus égaux qu'il me fut possible, ensuite je les pesai dans de très-bonnes balances, la pesanteur du morceau du sauvageon, se trouva l'emporter de dix-sept grains sur celui du franc ; ce qui, je crois, confirme ce que j'ai avancé jusqu'ici.

ſe découpent jamais. On pourroit, je crois, s'aſſurer d'une heureuſe réuſſite, en greffant ſur ce Murier dont le bois conſervant toujours la même analogie avec celui de la greffe, ne ſeroit plus ſujet aux mêmes accidens. Cependant, comme par cette pratique on ne gagneroit gueres que de donner un petit degré de perfection de plus à la feüille, je crois qu'il vaudroit mieux s'en tenir à multiplier ſeulement le Murier par la voie de la marcotte & de la bouture, & ne greffer que pour cet objet. Ce moyen eſt plus ſûr, & il eſt certain que cet Arbre ſera exempt des maladies du greffé, qu'il durera beaucoup plus long-temps, & qu'on y trouvera les mêmes avantages. (*a*)

(*a*) Elle ne ſera jamais ſi grande que celle du Murier ſauvageon, parce qu'il épuiſera bien plutôt les ſucs nourriciers de la terre, par la rapidité de ſon accroiſſement ; mais étant exempt des maladies du Murier greffé, il durera infiniment plus long-temps.

CHAPITRE IV.

Des Paliſſades de Muriers.

LA paliſſade eſt une continuité d'Arbres quelconques, (*a*) plantés fort proches les uns des autres, alignés au cordeau, ou ſervans de contour à différentes figures : on les taille avec le ciſeau, & on les arrête à la hauteur qu'on juge à propos. On peut former des paliſſades de Muriers ſauvageons ; ils ſe paliſſent très-bien, & ſouffrent la tonte. Tout ce qu'on peut leur reprocher, c'eſt qu'ils feuillent un peu plus tard que tous les autres Arbres qu'on emploie ordinairement à cet

(*a*) On peut employer en Bourgogne un grand nombre d'Arbres pour former des paliſſades. Ceux qu'on emploie le plus communément, ſont le grand & le petit Erable ; ce dernier a l'avantage de venir à l'ombre ; l'Aube-Epine & le Prunier qui font un joli effet lorſqu'ils ſont fleuris ; enfin le Charme, qui eſt celui à qui je donnerois la préférence.

L'Arbre de Judée feroit en portique, au Printemps, un coup d'œil admirable. On peut faire auſſi des paliſſades toujours vertes avec le Houx, le Cypre, l'If & le Sabinier.

uſage ; mais ſi ce défaut leur fait donner l'excluſion des Jardins, leur utilité infinie ſous cette forme, tant pour hâter l'éducation des Vers à Soie, que pour leur fournir une nourriture convenable dans les premiers temps de leur vie, doit engager à en planter autour des emplacemens deſtinés à faire des plantations de Murier.

On doit former ces paliſſades avec du plan de deux ans, qu'on appelle pourette, & qu'on plante à ſept à huit pouces de de diſtance les uns des autres. (*a*)

(*a*) Pour planter ces paliſſades, il faut ouvrir avant l'Hiver, autant que cela ſe peut, une tranchée de deux pieds de largeur, & d'autant de profondeur. On doit mettre la terre de la ſuperficie, qui eſt toujours la meilleure, d'un côté ; lorſqu'on s'apperçoit qu'elle change de couleur, il faut la remettre de l'autre côté. A la fin de Mars ou au commencement d'Avril, qui eſt le temps de planter, on jette dans la tranchée la meilleure terre ; on tend un cordeau pour aligner la paliſſade ; on étend les racines de la pourette ſur cette terre, & on les y aſſujettit avec d'autres bonnes terres très-bien meublées, après quoi on remplit la tranchée avec du fumier pourri, & par deſſus on répand la terre qu'on a tirée du fond.

Il faut avoir l'attention de ne pas enterrer la pourette plus qu'elle n'étoit ſur ſon ſemi, que d'un ou de deux pouces ; il faut auſſi avoir ſoin de raccourcir un peu ſes racines, de ne laiſſer qu'un ſeul jet en cas qu'il y en ait pluſieurs, ce qui ſeroit une marque qu'elle auroit été

On ne doit donner à ces palissades, que cinq pieds de hauteur, pour avoir plus de facilité à cueillir la feüille. Il faut les cultiver avec soin, & ne pas laisser venir de mauvaises herbes au pied, & sur-tout le Liseron qui grimpe après les branches, & leur fait beaucoup de tort. Comme je ne suis point du tout d'avis de ces sortes de palissades dans les Jardins de propreté, où tout s'opposeroit à leur cul-

---

mal élevée, & de la réduire à six ou sept pouces de longueur. On doit aussi la faire tremper au moins douze heures avant que de la planter, si elle vient de loin, & avoir toujours à côté de soi, le baquet dans lequel on les a fait tremper, & ne l'en tirer qu'à mesure qu'on la plante. Cette pratique doit s'observer même à l'égard de la poutette qu'on replante ensuite qu'on l'arrache.

Je n'aurois pas parlé de la façon de planter les palissades, si elles s'étoient trouvées dans l'instruction concernant le Murier blanc, imprimée par ordre de Messieurs les Elus Généraux. Il est vrai que la maniere de planter les buissons & les hautes tiges, pourroit bien y suppléer; elle y est très-bien détaillée. Cependant je ne puis être de l'avis de l'Auteur de cette feuille, qui prétend qu'on peut planter le Murier aussi-tôt & pendant tout le temps que la végétation est interrompue.

J'ai appris par quantité d'expériences, que le mois de Mars & d'Avril étoient le seul temps pour planter; j'ai toujours remarqué que tous les Arbres que j'ai planté dans cette saison, Muriers & autres, ont le mieux réussi, & qu'il en a le moins manqué.

ture & au produit qui en fait le principal objet, on ne doit pas les tailler au mois de Juillet, comme on fait celles des autres Arbres, toutes les extrémités coupées, & tout ce qui auroit été écorché par le ciſeau, n'ayant pas eu le temps de ſe recouvrir avant l'Hiver, elles en ſouffriroient beaucoup. (a) Il eſt plus à propos d'attendre le Printemps, & même on peut différer juſqu'à ce qu'elles pouſſent, pour mettre la feüille à profit.

Les paliſſades viennent très-bien à toutes ſortes d'expoſitions ; mais celle du Nord leur convient le moins ; celle du Midi eſt la plus avantageuſe. En effet, avec la diſpoſition qu'a le Murier ſauvageon à pouſſer plutôt que le franc, cette expoſition l'avance encore beaucoup ; ce qui eſt d'une conſéquence infinie pour hâter l'éducation des Vers à Soie, dont le

(a) Ce n'eſt qu'au Printemps qu'on doit faire aux Muriers tous les retranchemens qu'on y croit néceſſaires : il eſt très-dangereux d'y toucher plutôt, au moins en Bourgogne. J'ai une paliſſade de deux cent pieds de long, qui eſt aſſez belle, & qui a beaucoup ſouffert pour avoir voulu deux années de ſuite, la tailler au mois de Juillet.

produit eſt toujours plus grand, à meſure qu'elle eſt plus hâtive.

L'opération de la taille, eſt l'obſtacle que l'on met ſans ceſſe à l'élévation du Murier en paliſſade, & fait que la feüille en eſt aſſez belle : on en donne aux Vers depuis leur naiſſance juſqu'après la ſeconde mue, & même juſqu'à la troiſiéme; elle eſt tendre, & convient parfaitement à la délicateſſe de ces Inſectes pendant ces premiers âges.

L'embarras de fournir la feüille par la difficulté de la cueillir, n'eſt pas un obſtacle par le peu de conſommation qu'ils en font. Quelque nombreuſe que ſoit une éducation, une perſonne, au plus deux, ſuffiront toujours pour la fournir. Enfin, je regarde ces ſortes de paliſſades comme d'une néceſſité indiſpenſable par leur grande utilité, & pour hâter l'éducation de cet Inſecte, & pour lui fournir dans ſa jeuneſſe, une nourriture convenable.

CHAPITRE V.

Des Muriers en Buiſſons.

LES Arbres qui ne ſont point élevés, ou qui n'ont qu'une tige baſſe, ſont des buiſſons. Les Arbriſſeaux forment naturellement des buiſſons; (*a*) mais les Arbres qui par leur nature ont de la diſpoſition à s'élever, veulent y être contraints par la taille. C'eſt en effet par cette voie, qu'en coupant leurs tiges à un pied de terre, on les oblige à former leurs têtes à cette hauteur.

Les plantations faites entiérement de Muriers nains, ſont très-anciennes dans les Indes Orientales; ce ſont même les ſeuls qui y ſoient en uſage. En Europe, où leur utilité a été plus tard reconnuë,

(*a*) Je crois qu'on pourroit forcer une partie des arbriſſeaux à s'élever. J'ai vu un Roſier de plus de vingt pieds de hauteur, & des Suraux que l'on met communément au rang des arbriſſeaux, qui formoient de grands Arbres; dont un entre autres, avoit bien cinq pieds de circonférence, & plus de quinze de tige.

on n'a commencé que depuis peu à en établir. En Toſcane on n'éleve preſque plus que des Muriers en buiſſon. En Languedoc, cette pratique eſt actuellement ſuivie par tout. Il eſt en effet certain que rien n'eſt ſi avantageux que ces Buiſſons, tant pour la facilité de les cultiver, que pour celle d'en cueïllir la feüille.

Les plantations de Muriers en buiſſons, ſont bien plûtôt en valeur, que celles de Muriers de haute tige ; un petit eſpace en contient un grand nombre, & par-là il ſemble que les frais de culture ſoient moindres, puiſque tout le terrein eſt mis à profit, & qu'il eſt preſque tout de ſuite en valeur. S'il n'eſt pas exactement vrai que de deux piéces de terre d'égale grandeur, l'une plantée de grands Muriers, & l'autre, de nains, la derniere rende plus de feüilles que la premiere, au moins eſt-il hors de doute que cette ſuppoſition aura lieu long-tems, & cela, juſqu'à ce que les Arbres de haute tige, aient pris leur entier accroiſſement : ces Arbres pour lors n'ayant été ni gênés ni contraints dans leurs progrès, & pouvans s'étendre également en tout ſens, rendront peut-être autant de feüilles que les nains, qui pour la facilité de cueillir la feüille ſans échelle, & pour ne pas gêner l'épération de la culture, doivent être reſſerrés dans des bornes étroites qu'on ne leur permet pas de franchir.

On peut former des plantations de Muriers en buiſſons, dans les terres les plus médiocres, ils y réuſſiſſent toujours très-bien, (a) par la raiſon que quelque peu abondante que ſoit la ſeve, ayant très-peu de trajet à faire pour parvenir aux branches, elle y arrive ſans aucune diminution, & tourne toute à leur profit. Les Arbres de haute tige, au contraire, plantés dans un terrein maigre, y font peu de progrès ; avant que la petite quantité de ſeve qui

(a) Le raiſonnement a toujours beſoin d'être appuyé par des exemples. Je citerai, pour appuyer ce que j'avance, une grande plantation de Muriers en buiſſons, d'une beauté ſinguliere, près d'Aubenas en Vivarais, faite dans un terrein très-ingrat. Je conviens que la culture a beaucoup contribué à ſa réuſſite ; mais cependant il eſt hors de doute qu'avec tous les ſoins du Propriétaire intelligent à qui elle appartient, ſi cette plantation avoit été faite en Muriers de haute tige, elle n'auroit point réuſſi, ou bien mal.

monte, ne soit parvenue au-dessus de la tige, elle est en plus grande partie enlevée par l'ardeur du Soleil ; c'est pourquoi on voit réussir les Arbres dans un terrein sec, toujours à proportion de la grandeur de leur tige : (a) c'est aussi par

---

(a) Il est certain que tous les Arbres ausquels on veut donner une seule tige d'une grande élévation, ne réussissent jamais dans un terrein sec, & ne sauroient former une belle tête : il faut absolument, en plantant, avoir égard à la qualité du sol, pour y proportionner la hauteur de la tige des Arbres, ou leur forme.

Les Arbres qui sont à Montmartard, & sur-tout ceux qui forment les Promenades qui sont devant, sont une preuve de ce que j'avance. Ce bel endroit dont la situation est admirable, & que le goût du Maître travaille tous les jours à rendre plus magnifique, n'est pas malheureusement dans un bon terrein. On a voulu, sans consulter le sol, donner aux Arbres de grandes tiges ; on en a confié le soin à une main mal habile, aussi font-ils un mauvais effet, & dépérissent-ils au lieu de croître. Il eût peut-être été facile d'élever leur têtes aussi haut qu'elles le sont, & peut-être davantage, sans qu'elles eussent été moins belles, & qu'ils en eussent souffert. Il n'eût fallu pour cela, qu'au lieu d'un seul membre qu'on leur a laissé pour prolonger leur tige, en laisser au contraire deux ou trois qu'on eût été maître d'élever autant qu'on auroit voulu ; la tête de ces Arbres, par cette disposition, ayant nécessairement plus d'étendue, & présentant une plus grande surface à l'air, auroit porté plus de nourriture aux racines, qui par là se seroient trouvées plus en état de les nourrir à leur tour ; mais dans un terrein substantiel, les racines peuvent toujours fournir aux branches plus qu'elles ne reçoivent.

cette raiſon du peu de trajet que la ſeve a à faire pour parvenir aux branches, que le Murier en buiſſon, quoique greffé, pouſſe preſque auſſi-tôt ſa feüille que la pourette toujours ſi hative.

La forme qu'on donne au Buiſſon, doit être celle d'un gobelet. La hauteur de tout l'Arbre ne doit point excéder celle de ſix pieds ; on en cueille moyennant cela, la feüille plus aiſément, avec moins de dépenſe, & ſans danger : on y emploie des enfans, qu'on a toujours à meilleur marché, & l'humanité y gagne beaucoup, en ce qu'on ne voit pas arriver ces accidents ſi ordinaires en cuëillant la feüille ſur les grands Arbres, ce qui eſt peut être l'avantage le plus précieux.

On a encore un grand avantage avec le Murier nain, c'eſt qu'on peut l'étêter, & l'on peut même en faire des plantations deſtinées abſolument à cet uſage ; pour cet effet on les diviſe en quatre parties : on en coupe tous les ans un quart, & la cinquiéme année, on recommence par la premiere coupe ; c'eſt une reſſource qu'on ſe ménage contre les pluïes : lorſque

lorſque le tems y eſt diſpoſé, l'on a bientôt fait de couper un fagot de branches qu'on emporte à la maiſon, & qu'on effeüille à loiſir, & même ſi la pluïe continuoit quelques jours, il ſeroit plus aiſé de faire ſecher les feüilles étant attachées aux branches, & moins dangéreux pour le Murier, que d'en cueillir, ce qui lui fait toujours beaucoup de tort lorſqu'on en cueille pendant les tems pluvieux.

Je pourois encore ajouter à tout ce que j'ai dit du Murier en buiſſon, un avantage que quelques Auteurs vantent beaucoup, qui eſt de le pouvoir couvrir pour garantir ſa feüille de la pluie ; mais il en eſt de l'excellence de ce moyen, comme de tant d'autres qui ne ſont garantis que par la ſpéculation, tandis que de tout ce que l'on avance, il ne faut jamais donner d'autres garants que l'expérience. En effet quelle quantité de toile & de charpente ne faudroit-il pas pour en couvrir un petit nombre, & avec tout cela, cette reſſource ne pouroit être employée que pour une petite éducation, & encore dans les commencemens.

Par une fatalité attachée à toutes les nouveautés , les plantations de Muriers en buiſſons , malgré toutes leurs utilités , ont eſſuyé les plus grandes contradictions ; mais il eſt arrivé , (ce qui arrive preſque toujours ,) que l'expérience a fait taire le raiſonnement.

On a enfin généralement reconnu que la feüille en étoit tout auſſi bonne & auſſi nourriſſante que celle du Murier de haute tige ; il faut ſeulement obſerver de réſerver toujours pour le temps de la briffe , la feüille des plus vieux , comme on doit auſſi le pratiquer même à l'égard de ceux à plein vent.

La véritable diſtance que l'on doit mettre entre chaque Murier en buiſſon , eſt d'une toiſe , parce qu'en reſtreignant toujours le diametre de leurs branchages à quatre pieds , il ſe trouvera encore entre eux un intervalle de deux , qui eſt ſuffiſant pour faciliter les opérations de la culture , qui ſans cela ſeroit impraticable ; la feüille même étant , par cette diſpoſition , plus aérée , en ſera auſſi plus ſaine & moins ſujette à être tachée.

Les buiſſons pour le produit, doivent être greffés ou venus de marcottes ou de boutures de Muriers greffés. (*a*) S'ils ſont greffés, ils doivent l'être depuis deux ans, & la tige des uns & des autres ſera ſuffiſamment haute d'un pied & de trois à quatre pouces de circonférence. Avec ces qualités, & une culture convenable, on pourra compter ſur un ſuccès aſſuré, tant pour la plantation, que pour l'éducation des Vers à Soie.

(*a*) J'ai malheureuſement l'expérience du peu de produit d'une plantation de Muriers en buiſſons qui ne ſont pas greffés. Après que j'eus commencé à cultiver des Muriers, ne les connoiſſant encore que médiocrement, & m'étant perſuadé ſur la foi de gens que je croyois bien inſtruits, que le ſauvageon étoit préférable au franc, je voulus augmenter le petit fonds que j'en avois déjà; je fis venir de Lyon deux mille cinq cent de pourette, que je deſtinai à faire des buiſſons: elle n'étoit pas belle, & avoit été mal élevée. Je plantai cette pourette dans un bon terrein; cette plantation a déjà ſept ans, les buiſſons en ſont très-forts, beaucoup ont leurs ſouches de plus de quatorze pouces de circonférence; cependant les Muriers ne me rendent preſque rien, & le peu qu'ils produiſent, eſt abſorbé par le monde qu'il faut pour en cueillir la feuille Si j'avois ſeulement planté le quart de buiſſons greffés, j'en retirerois bien davantage, & le produit n'en ſeroit pas enlevé par la main-d'œuvre.

Mais on ne ſauroit recueillir le fruit de tant d'avantages réunis, ſi l'on n'a pas un terrein clos où l'on puiſſe enfermer ces buiſſons pour les mettre à l'abri du bétail qui eſt très-friand de leurs feuilles ; ſans cela il faut y renoncer, & avoir recours au Murier greffé de haute tige.

CHAPITRE VI.

Du Murier greffé de haute tige.

ON appelle Arbres de haute tige, ceux dont la tige eſt aſſez élevée pour pouvoir paſſer pardeſſous les branches ſans en être incommodé : on leur donne plus ou moins d'élévation, ſelon la qualité du terrein, ſelon les différens uſages auſquels on les deſtine, & l'emplacement où l'on ſe propoſe de les mettre.

Le Murier, par toutes les raiſons que j'en ai données, auſquelles on pouroit encore en ajouter beaucoup d'autres, n'étant pas du tout propre à former des Promenades, & moins encore à orner des

Jardins, où tout s'opoſeroit à ſa culture & à ſon produit, ne doit pas excéder cinq pieds de tige : cette hauteur ſera très-ſuffiſante ſi on le plante dans un terrein clos & deſtiné à lui ſeul ; ce qui eſt toujours le mieux. Mais ſi on étoit obligé de le planter en pleine campagne, en allées ou en bordures autour de quelques héritages, un demi pied de plus ſuffira toujours pour garantir ſes branches de la dent du bétail.

Les Muriers de haute tige, au deſſus de cinq pieds & demi, ſont trop ſujets à être battus & renverſés par les vents ; ils ſont plus long-tems à prendre du corps, & la feüille s'en cueïlle toujours plus difficilement, & avec plus de riſque. Enfin il en eſt du Murier comme de tous les autres Arbres, moins la ſeve a de trajet à faire pour circuler des branches aux racines, & des racines aux branches, plus ils font de progrès & prennent d'accroiſſement.

Le Murier de haute tige, s'il eſt greffé, doit l'avoir été à ſix ou ſept pouces au deſſus de la terre : il en vaut beaucoup mieux lorſque c'eſt la greffe qui forme la tige. Si on l'avoit greffé aux branches, il pouroit arriver qu'on fût par quelque accident, obligé de l'étêter, & qu'ayant coupé par mégarde tout le franc, il ne reſtât plus que le ſauvageon, ce qui ſeroit une véritable perte.

Le Murier au ſortir de la Pépiniere, doit avoir ſa tête formée à la hauteur qu'on veut lui donner. Si on le laiſſoit monter ſans l'arrêter, comme quelques Auteurs le veulent, (a) il eſt d'abord certain que ſa tige ſeroit plus long-tems à prendre du corps. Mais de plus, lorſ-

(a) Entre autres M. l'Abbé Boiſſier de Sauvage, dans un Traité ſur la culture du Murier, prétend qu'on doit laiſſer monter le Murier dans la Pépiniere, ſans l'étêter, & que cette opération ne doit ſe faire que quand on le plante à demeure; que pour lors on en raccourcit la tige à une hauteur convenable, en la coupant quarrément. Je ſuis très-fâché de ne pouvoir être de l'avis de cet habile Cultivateur; mais j'ai l'expérience que cette pratique eſt vicieuſe, au moins dans ce Pays-ci. J'ai planté pluſieurs Muriers dont les tiges étant trop élevées, j'ai été obligé de les raccourcir; il eſt arrivé que les uns ont pouſſé à la moitié, les autres au quart ou au tiers, & aucun n'a pouſſé directement au deſſus, & tous ces Arbres ſont fort mal venus: cela me perſuade toujours davantage, qu'il faut au Murier une culture relative au climat où l'on l'éleve.

qu'en plantant l'Arbre à demeure, on viendroit à la raccourcir à une hauteur convenable, il eſt très-douteux qu'il vînt poſitivement à ſortir des branches dans cet endroit pour y former la tête. Au contraire, ſi elle a été formée dans la Pépiniere, quoiqu'on ſoit abſolument obligé d'en couper toutes les branches tout contre la tige en le plantant à demeure, on doit être aſſuré qu'il en repouſſera de nouvelles dans cet endroit.

L'écorce du Murier de haute tige, doit être d'une couleur tirant ſur le roux, & tant ſoit peu raboteuſe. Une écorce griſe & unie, eſt la marque la plus certaine d'un Murier vicié, ou pour avoir été mal cultivé, ou pour avoir trop ſéjourné dans la Pépiniere. On ne doit pas s'attendre à retirer aucun produit d'un pareil Arbre ; il vaut beaucoup mieux ne le pas planter.

Avec les indices favorables que l'on tire des qualités du Murier par la couleur de l'écorce, ſes racines doivent encore être nombreuſes, bien nourries, & occupant toute la circonférence du pied, ſans laiſſer d'interruption.

La grosseur de sa tige doit être telle qu'en l'empoignant par le milieu, on ne puisse qu'à peine faire toucher le pouce & le doigt index de la main, ce qui peut faire dans cet endroit une circonférence d'environ sept pouces ; un Murier moins gros au sortir de la Pépiniere, & qui auroit toutes les qualités que j'ai raportées, languiroit long-tems, & réussiroit très-difficilement même dans un terrein aussi bon & aussi bien cultivé que celui d'où on l'auroit tiré.

Tous ces détails des qualités indispensables que doit avoir un Murier au sortir de la Pépiniere, pour réussir surement dans les Plantations, ne sont pas particulierement affectés au Murier greffé ; elles sont toutes aussi nécessaires au Murier venu de bouture & de marcotte, de même que pour le Sauvageon, si malgré son peu de produit & les désavantages de sa culture, on se déterminoit encore à en vouloir planter.

CHAPITRE VII.

Des Plantations de Muriers.

CE n'eſt plus un problême que la réuſſite du Murier en Bourgogne ; quand on n'auroit pas déjà l'expérience qu'ils y réuſſiſſent très-bien, on pouroit s'en aſſurer par les progrès que fait ſa culture dans des climats qui ſemblent lui être ſi peu favorable, ſelon les préjugés reçus à cet égard.

La Mer Baltique, par les ſoins du Roi de Pruſſe, en voit maintenant ſur ſes bords. (*a*) Quelle différence de ces climats, au nôtre, (*b*) & que ne devons-

(*a*) Ce grand Prince toujours attentif à tout ce qui peut contribuer à l'augmentation des richeſſes de ſes Sujets, a établi dans le Brandebourg & la Poméranie, des Pépinieres publiques de Muriers, ſous la direction de gens dont la capacité & le zèle lui ſont bien connus. Il vient tout récemment de faire diſtribuer des récompenſes à tous ceux qui ont le mieux réuſſi dans l'éducation du Ver à Soie : marque certaine que cet établiſſement n'eſt pas infructueux.

(*b*) Le Brandebourg & la Poméranie ſont limitrophes ; ces deux Provinces s'étendent du cinquante-deux au cinquante-quatriéme degré & demi de latitude.

nous pas en eſpérer ! Auſſi peut-on compter de voir dans peu de tems, ſi l'on a l'attention de ne plus diſtribuer de Muriers qui n'aient toutes les qualités que je crois avoir aſſez détaillées, de voir, dis-je, cette Province autant peuplée de Muriers que le Languedoc, & peut-être l'emporter par la bonté & la beauté de ſes Soies.

En général le Murier réuſſira également bien dans toute l'étenduë de la Bourgogne ; toute la différence qu'il poura y avoir, ſera que dans la partie de la Montagne, il feüillera un peu plus tard que dans la plaine, & ce retard n'eſt d'aucune conſéquence, & n'influera en rien ſur la récolte de la Soie. (*a*)

(*a*) Le plus tard qu'on puiſſe mettre couver la graine de Ver à Soie dans la partie la plus froide de la Province, eſt le huit de Mai, pour qu'elle ſoit écloſe le quinze, temps auquel l'on eſt aſſuré, quelque tardive que ſoit l'année, de trouver des feuilles pour les nourrir ; & en conduiſant bien l'éducation, la récolte de la Soie ſera toujours faite avant le vingt-quatre de Juin.

L'année derniere je mis couver le cinq de Mai, une once & demie de graine, & le douze elle commença à éclorre. Si je n'avois pas manqué de feuilles ſur la fin de l'éducation, les Vers auroient filé leur Soie au bout

Quoique le Murier vienne assez bien dans toutes sortes de terres, (*a*) cependant il faut éviter celles qui sont trop seches, & celles qui sont trop humides. Dans les premieres, il n'y fait que des

---

de vingt cinq jours au plus; j'en eus même qui filerent au bout de vingt-deux; j'aurois eu une ample récolte, elle auroit été faite au plus tard pour le dix ou douze de Juin.

De cette once & demie de graine, une partie me venoit du Languedoc, & l'autre je l'avois faite l'année auparavant. Quoique couvées toutes les deux dans le même endroit & à la même chaleur, celle du Languedoc vint à éclorre deux jours justes avant la mienne; cependant, malgré ce retard, les Vers qui en sont venus, ont toujours été les plus vigoureux; ils étoient toujours en mouvement, & avoient un bien plus grand appétit. Je n'ai rapporté ce fait, que pour faire voir que la graine faite au Pays, est peut être la meilleure.

(*a*) J'ai vu des Muriers blancs dans un Hameau appellé Fromanteau, à une lieue de Saint Seine, à cinq de Dijon. C'est un des endroits le plus élevé de la Province, & par conséquent le plus froid de la place où ils étoient plantés; la roche n'y étoit pas couverte de plus de six pouces de terre, cependant ils y étoient bien venus.

Je connois deux autres Muriers dans un Village appellé Bligny le-Sec. Cet endroit n'est pas moins froid & moins aride que Fromanteau; on ne prend aucun soin de ces deux Arbres, cependant ils sont très-beaux: on peut juger par ces deux exemples, avec combien de facilité le Murier vient par-tout, & en toute sorte de terrein.

progrès lents. Dans les dernieres, ses racines s'y pourrissent, & ses feüilles étant trop remplies de flegmes, sont dangéreuses aux Vers à Soie.

Les terres qui conviennent le mieux au Murier, sont celles qui sont médiocrement seches & humides. Il vient également bien dans toutes les terres qui produisent du froment, soit qu'elles soient fortes ou legeres. (*a*) Mais dans les terres fortes, il faut plus de culture & d'engrais pour les diviser, & faciliter par-là aux racines, le moyen de s'étendre. Enfin, je conseille toujours de planter dans les meil-

(*a*) Il est un grand nombre d'autres espèces de terres résultantes du melange des différentes substances; mais de toutes les terres les plus propres à la végétation, ce sont celles qui résultent du mélange des differentes espèces d'argile & de sable.

Les terres fortes ne sont autre chose que des argiles, mais dont les parties ont été divisées, ou par la culture & les engrais, ou par l'interposition du débris des roches qui environnent les vallees, & que les pluies entraînent, ou bien des sables que les grandes rivieres déposent dans leur inondation.

Dans les terres fortes, c'est l'argile qui domine & donne la couleur; dans les terres légeres, c'est le sable, & qui de même donne la couleur aussi : les sables purs & les argiles purs ne sont pas propres à la végétation.

leurs fonds, on joüit plûtôt, & le produit en eſt plus grand.

Il faut éviter de mettre le Murier le long des grands chemins, & trop dans leur voiſinage ; la pouſſiere que les vents en enlevent dans les temps de ſécchereſſe, & qu'ils portent ſur la feüille, la rendroit un poiſon pour les Vers à Soie, ſi on leur en donnoit, & par là deviendroit abſolument inutile.

Quoique le Murier faſſe de grands progrès ſur les bords des rivieres & des ruiſſeaux, cependant ſes bourgeons ſont très-ſujets à être brouis par les petites gélées du Printemps, & ſes feüilles à être tachées par les brouillards qui y ſont fréquens ; dans les bas fonds, il eſt ſujet auſſi aux mêmes accidens par un défaut d'agitation dans l'air.

Dans les Pays de montagnes, les côteaux inclinés à l'aſpect du Midi, ſont admirables pour les plantations de Muriers ; ceux à l'aſpect du Couchant & du Levant, ſont auſſi très-favorables ; mais l'expoſition du Nord eſt trop tardive, & ne leur convient point.

On peut planter le Murier de haute tige, à travers la campagne, autour des héritages, en bordures ou en allées, ſans que cela puiſſe beaucoup nuire aux différentes ſortes de grains qu'on ſemera deſſous; il faudroit ſeulement avoir l'attention de les eſpacer au moins de cinq toiſes les uns des autres, pour laiſſer plus de liberté à la charrue.

Le Murier en buiſſon, qui par ſa forme baſſe, deviendroit bientôt la proie du bétail qui en eſt très-avide, veut être planté dans un emplacement enfermé, ou de mur, ou de quelque autre clôture. Il n'eſt gueres poſſible qu'un Particulier qui ſe décideroit à faire à la campagne, une plantation de Muriers, s'il n'avoit pas un enclos, n'eût tout au moins un terrein qu'il pût enclorre, ne fût-ce que pour y planter des buiſſons entés, & quelques paliſſades de Sauvageons.

Dans les Villages, les Seigneurs peuvent engager les Payſans à planter des Muriers de haute tige autour de leurs maiſons, & des buiſſons dans les petits endroits clos qui ordinairement les environnent. Quelques petites récompenſes, (*a*) l'exemple ſur-tout, toujours ſi puiſſant lorſqu'il vient de ceux qui ſont au deſſus des autres, ou par leur naiſſance, ou par leur rang, & peut-être autant que tout cela, le produit qu'ils verront tirer des Vers à Soie, les y engageront. Les atteliers des Gentilshommes & des Seigneurs, ſeront des Ecoles où l'on inſtruira les jeunes Villageoiſes de tout ce qui concerne la Magnaguerie. (*b*)

Enfin, le meilleur moyen & le plus aſſuré de recueillir tous les avantages poſſibles du Murier, eſt de ne le planter, auſſi-bien celui de haute tige que les buiſſons, que dans des clos où ils puiſſent être également à l'abri des beſtiaux &

(*a*) Ces encouragemens ſont bien dignes de la Nobleſſe qui ne ſe pique pas ſeulement, comme autrefois, de ne ſavoir que ſervir de boulevard à l'Etat, & répandre ſon ſang pour ſon Prince, mais qui à des ſentimens ſi nobles, joint encore de plus aujourd'hui les connoiſſances utiles, l'amour des Sciences & des Arts qu'elle ſçait encourager.

(*b*) On appelle en Languedoc, Magnaguerie, l'art d'élever les Vers à Soie ; Magnaguier, celui qui eſt chargé de leur éducation, & Magnaderie, le bâtiment qui eſt deſtiné à cet uſage.

des coups de mains de ceux qui pourroient les fourager pour profiter des feuilles. Si l'on étoit obligé de clorre un emplacement, il faudroit préférer les haies vives qui sont bien moins coûteuses que les murs, & demandent peu d'entretien. (a)

(a) Pour enclorre une piéce de terre de haies vives, il faut commencer par ouvrir tout autour un fossé de dix pieds de largeur, & de cinq de profondeur, en supposant cependant que le terrein le permette. Le fossé doit être creusé en talut, pour empêcher l'écroulement des terres, qui sans cette précaution l'auroient bientôt rempli. On en jette toute la terre sur l'héritage; on l'arrange aussi en talut, ce qui doit faire une hauteur de cinq pieds, qui jointe à celle prise depuis le fond du fossé, en fait une de dix. C'est sur cette terre qu'on plante la haie vive qui ne sauroit manquer d'y faire de rapides progrès. Il faut avoir soin de la tailler tous les ans deux fois au ciseau ou au croissant, autant pour la propreté, que pour la rendre toujours plus fournie.

Les plans les plus propres à faire des haies vives, sont l'Aube-Epine, l'Epine-Vinette & le Houx; on en fait en Angleterre de ce dernier, qui sont d'une beauté singuliere; on en voit des palissades qui ont jusqu'à quatre-vingt pieds de hauteur. Il faut que cet Arbre ne se plaise pas si bien ici; les plus hauts que j'aie vu, n'excédoient pas douze pieds.

Il ne faut pas être épouvanté par la perte du terrein; cela est bien moins considérable qu'il ne semble d'abord. Un fossé de dix pieds de largeur & de trois mille deux cent quatante-neuf pieds de longueur, ne contient en superficie qu'un journal de trois cent soixante perches

On

On peut donner aux plantations des formes très-agréables ; on en peut divifer le terrein en parallélogrammes, ou en triangles féparés par des allées de deux toifes & demie ou trois de largeur ; ces allées peuvent être mifes à profit, en les femant de Sainfoin, de Trefle ou de Raigraffe. (a) On peut border ces figu-

---

quarrées de neuf pieds & demi la perche ; cette mefure eft en ufage dans la plus grande partie de la Bourgogne : ce foffé entoureroit une furface quarrée de vingt journaux deux tiers & quelques perches ; ainfi c'eft moins de la vingtiéme partie du terrein facrifiée pour fa clôture, ce qui eft peu confidérable. Au deffus de cette quantité, plus la piéce augmente, & moins il y a de perte ; mais au deffous, la perte du terrein augmente toujours à raifon de la diminution de l'emplacement.

(a) Je donnerois cependant la préférence au Sainfoin ; il eft également bon pour les beftiaux en verd & en fec ; il fait un effet charmant quand il eft fleuri, & les Abeilles font une ample récolte fur fes fleurs ; il n'épuife point les terres, & vient également bien dans toutes fortes ; il dure feulement davantage dans les fortes.

Le véritable temps de femer le Sainfoin, eft fi-tôt que fa graine eft recueillie ; fi elle ne leve pas bien, il ne faut s'en prendre qu'au peu de précaution qu'on a prife pour la ramaffer. Pour bien remplir cet objet, dont tout le fuccès des femis dépend, on doit dès le lendemain que le Sainfoin eft fauché, porter le matin des draps fur la place, on les y étend, & une perfonne en fait des petits fagots qu'elle porte deffus, une autre les frappe d'une baguette, pour ne faire tomber que la

res de Muriers de haute tige, espacés de quatre toises, & dans l'intervalle mettre trois buissons qui se trouveront par là à la distance d'une toise les uns des autres. L'intérieur des figures peut être planté de Muriers de haute tige, & de buissons aussi dans les mêmes proportions, ou seulement de buissons espacés entre eux d'une toise. Pour jouir de l'avantage des palissades de Muriers sauvageons, on peut en entourer les plantations, en les plaçant

---

graine la plus mure, ainsi de suite; puis on la porte dans un grenier bien aéré où on l'étend, & on a soin pendant huit ou dix jours de la remuer exactement cinq ou six fois chaque jour, & cela pour l'empêcher de s'échauffer : après cette attention, on peut s'assurer d'avoir de la graine bien conditionnée, & qui levera toute. Si on vouloit être instruit plus à fond sur cette matiere, on n'auroit qu'à consulter une petite brochure intitulée, *Moyen de s'enrichir en peu de temps par l'Agriculture, par Mr. Despaumier* : on y trouvera des détails très-instructifs, & des vues qui font honneur à l'Auteur.

Si l'on se déterminoit pour le Raigrasse, il faudroit bien prendre garde qu'il y en a de trois espèces; le Raigrasse faux froment, le Raigrasse faux seigle, & le Raigrasse faux orge, & qu'il n'y a que le premier dont l'utilité & la bonté soient bien reconnues.

Pour la Luzerne, on ne doit jamais en semer dans les terreins plantés d'Arbres, cette plante est si vorace, qu'elle les affame, même à une distance considérable.

à quelque diſtance des haies vives ou des murs ; ce qui y répandra encore un nouvel agrément.

Enfin, ce ſont les facultés & la ſituation des lieux qui doivent décider de la forme des plantations, & de leur grandeur. L'aiſance donne les moyens de travailler en grand ; une fortune bornée ne permet que de travailler en petit. Dans les plaines, on peut aiſément faire de grands enclos ; dans les Pays de montagnes, cela eſt plus difficile : c'eſt ainſi qu'on eſt maîtriſé par les circonſtances. Je ne puis cependant me diſpenſer d'inſiſter toujours ſur la néceſſité d'enclorre également le Murier de haute tige, comme les buiſſons, & de ne ſemer aucune ſorte de grains deſſous. En effet, à quelque diſtance que l'on mette le Murier de haute tige, qui eſt le ſeul qu'on puiſſe abandonner en pleine campagne, & ſous lequel on puiſſe ſemer des grains, il eſt certain que quelque attention que l'on ait, la charrue en paſſant les écorchera, & le ſoc en endommagera les racines ; les ſucs nourriciers s'épuiſeront bien plutôt,

& l'Arbre en durera moins. Pour le grain, on ne ſauroit gueres ſe diſpenſer de l'endommager, en cueillant la feuille, quelque précaution qu'on puiſſe prendre, & l'ombre ne peut que lui nuire. Il y a donc de la perte à attendre dans les ſemences qu'on feroit ſous les Muriers, & beaucoup de dommages pour eux. Ce que l'on peut faire de mieux, c'eſt de planter le Murier autour des prés; il n'y courra pas riſque d'être endommagé par la charrue, & ſur les côteaux bien expoſés où la terre eſt bonne, & où l'on ne ſauroit labourer.

Mais la néceſſité ſur laquelle j'inſiſte de former des enclos pour y cultiver le Murier ſeul, pourroit peut-être faire craindre que ſi les plantations ſe multiplioient, elles ne vinſſent enfin à diminuer la récolte des grains. On pourroit d'abord répondre qu'une nouvelle ſource de richeſſes vient toujours à l'appui des autres; on pourroit citer le Languedoc qui eſt partout couvert de Muriers, ſans que pour cela la récolte de ſes grains en ſoit moindre. A ces raiſons on pourroit encore en ajouter beaucoup d'autres également fortes ; mais la ſageſſe du Gouvernement vient de me fournir un moyen ſûr de diſſiper abſolument toutes les craintes qu'on pourroit avoir à cet égard, quelque bien fondées qu'elles puſſent paroître.

La Bourgogne a toujours eu beaucoup plus de grains qu'il ne lui en faut pour nourrir ſes Habitans, puiſqu'elle en nourrit encore ſes voiſins. Cependant qu'on parcoure cette belle Province, on verra avec ſurpriſe qu'il s'en faut bien que tout ſon terrein ſoit cultivé, & qu'il s'en faut encore bien davantage que tout ce qui l'eſt, le ſoit comme il le pourroit être. Quelle ſeroit donc l'abondance de ſes grains, ſi toutes les terres y étoient en bon état ? La ſage Déclaration du Roi qui vient de permettre l'exportation des grains hors du Royaume, a rompu les entraves de l'Agriculture ; on doit s'attendre à voir dans bien peu de temps naître l'abondance, ſans que les plantations de Muriers, quelque conſidérables qu'elles puiſſent devenir, y apportent aucune diminution.

C'étoit la défenſe que le Roi vient de lever, qui avoit porté le coup le plus funeſte à l'Agriculture.

Ce n'eſt qu'en laiſſant la liberté au commerce, qu'on donne du prix aux denrées, & ce n'eſt qu'en leur donnant du prix, qu'on encourage la culture.

En effet, ſi la dépenſe abſorbe le produit, il faut que le Cultivateur abandonne la culture, ou qu'il en diminue la dépenſe, & l'on ne peut la diminuer, ſans que le produit ne diminue auſſi.

Au contraire, ſi le Cultivateur trouve dans ſon travail, un bénéfice aſſuré, non-ſeulement il le perfectionne, mais il l'augmente encore : c'eſt ce qu'on doit s'attendre à voir bientôt. On ne doit donc pas craindre que quelques journaux de terre pris dans chaque Village pour planter des Muriers, puiſſent diminuer la récolte des bleds ; bien loin de là, cette nouvelle ſource de richeſſes ne ſauroit produire qu'un bien pour l'Agriculture, & une augmentation dans la population. (a)

(a) Il eſt certain que l'Agriculture eſt depuis un ſié-

Enfin, de quelque façon qu'on forme une plantation de Muriers, ſoit qu'on la faſſe de Muriers de haute tige en pleine campagne, ou de buiſſons & de grands Muriers dans un endroit fermé, ſi l'on veut jouir promptement, épargner le terrein, les frais de culture, ceux de l'éducation, & retirer un grand produit, il

---

elle prodigieuſement déchue en France, & cela par la défenſe de l'exportation des grains hors du Royaume. On peut voir dans le bel Eloge de M. de Sully, ce grand Miniſtre ſi digne de ſon Maître, par Mr. Thomas, la cauſe de cette défenſe eſt l'état floriſſant où étoit l'Agriculture auparavant. En effet, le prix des denrées, par cette défenſe, étant tombé tout d'un coup, & le Cultivateur ne trouvant plus à s'indemniſer des frais de ſa culture par la vente de ſes grains, abandonna la terre & changea d'état; le Propriétaire ne retirant plus rien de ſa Métairie, la laiſſa dépérir; delà viennent ces ruines que l'on voit en tant d'endroits, & juſqu'au milieu des bois qui les couvrent, de même que le terrein qui en dépendoit; delà le décri des biens-fonds, & cette avidité que l'on avoit, il n'y a pas encore bien long-temps, pour les conſtitutions de rente, ce qui a été ſi funeſte à tant de familles.

Le dépériſſement de l'Agriculture par l'abandon des terres, eſt ſenſible par-tout, mais beaucoup plus dans les parties de la Province qui ſont d'un moindre rapport. Dans les bonnes parties, elle s'y eſt mieux ſoutenue, mais elle y a toujours déchu par une autre cauſe. Les Cultivateurs croyans gagner davantage en cultivant beaucoup, prirent le double de terrein de ce qu'ils pouvoient

ne faut jamais planter que des Arbres greffés, ou venus de marcotte & de bouture d'Arbres greffés ; on doit seulement planter dans quelques endroits bien exposés, quelques palissades de Sauvageon, tant pour hâter les Vers à Soie, que pour les nourrir pendant leur premier âge. (*a*)

---

en cultiver, & par cette raison ils le firent mal ; mais voyant que la terre ne répondoit point à leur attente, ils l'accuserent d'ingratitude, tandis qu'ils ne devoient s'en prendre qu'à leur ignorance & à leur avidité. Les choses se sont presque soutenues sur ce pied jusqu'ici. Je connois des Villages où il y a un grand nombre de granges ruinées, & où la moitié de ce qui existe encore, est plus que suffisante pour serrer tous les grains qu'on recueille, & cependant tout le finage est cultivé. Je pourrois rapporter cent exemples semblables, pour prouver combien nous sommes éloignés d'une bonne culture, & de l'état florissant où l'Agriculture étoit autrefois Ce ne sont pas des recettes ni de nouvelles façons de labourer qui la rétabliront ; les Paysans ne les adopteront jamais ; mais ce sera seulement en donnant du prix aux denrées. Les hommes ne sont jamais si industrieux ni si laborieux, que lorsqu'ils sont guidés par l'intérêt. Le Roi, ce Prince, l'amour de ses Sujets, & si digne de l'être, vient de lever tous les obstacles qui s'opposoient à son rétablissement ; il a plus fait d'un mot, que toutes les recherches qu'on a fait jusqu'ici, & toutes celles qu'on auroit jamais pu faire sur cette matiere importante.

(*a*) On trouvera peut être que j'insiste beaucoup sur la nécessité de ne planter que des Muriers greffés, ou qui en aient les mêmes qualités ; mais je suis si con-

CHAPITRE VIII.

De la culture d'une Pépiniere publique de Muriers, & de son gouvernement.

DANS une Province où l'on veut introduire une espèce d'Arbres qui y a été inconnue jusqu'alors, & dont la culture peut en accroître le commerce & les richesses, il est absolument nécessaire d'y en établir des Pépinieres, pour les y distribuer gratuitement au Public. Mais ces Pépinieres étant la source de l'établissement, on doit apporter l'attention la plus scrupuleuse à leur culture, ne ja-

---

vaincu par l'usage constant des Pays où cet Arbre est cultivé depuis long-temps, & par ma propre expérience, qu'il n'y a aucun avantage à espérer des Sauvageons, que j'ai cru ne pouvoir assez y insister. Cette nécessité m'a paru encore d'autant plus grande, qu'il s'est introduit en Bourgogne une très grande prévention en faveur du Murier sauvageon, qui ne peut avoir été accréditée que par des gens sans aucune expérience, & qui, si elle continuoit d'être reçue, & qu'elle ne fît pas tomber entiérement ce bel établissement, au moins en empêcheroit-elle infailliblement les progrès. Je ne puis donc trop m'attacher à faire revenir le Public de cette erreur.

mais permettre qu'il ſoit diſtribué un ſeul Arbre défectueux, & qui n'ait toutes les qualités qu'ils doivent avoir pour répondre à l'objet qu'on en attend.

Si l'on ne ſe propoſoit ſimplement que d'encourager les plantations d'une eſpèce d'Arbres, dont tous les avantages ne conſiſtaſſent que dans l'utilité du bois, pourvu que ces Arbres, au ſortir de la Pépiniere, euſſent de belles racines & une groſſeur convenable, ils auroient toutes les qualités qu'on pourroit deſirer, & leur réuſſite ſeroit aſſurée. Mais il n'en eſt pas ainſi du Murier ; ce n'eſt pas ſon bois qu'on recherche, ce ſont les avantages infinis qu'il procure, par le privilége excluſif qu'il a de fournir par ſa feüille, la nourriture aux Vers à Soie. Mais toutes ne ſont pas également profitables ; il eſt donc indiſpenſable que le Murier, avec tout ce qui lui eſt néceſſaire pour croître & s'élever, ait encore les qualités de ſa feüille relatives au plus grand produit & à la moindre dépenſe de l'éducation des Vers à Soie & de la culture, ſans quoi, ſi l'une de ces qualités lui manque ſeulement, on ne doit jamais s'attendre à voir réuſſir le bel établiſſement qu'on ſe propoſe.

Il n'eſt gueres poſſible que dans un Pays où les Muriers ne ſont que d'être tranſportés, l'on y puiſſe connoître les qualités eſſentielles qu'ils doivent avoir. Un Particulier à qui l'on en accorde à la Pépiniere publique, ſe perſuade aiſément qu'ils ſont tels qu'ils doivent être; vingt autres Particuliers ont l'œil ouvert ſur la réuſſite de ſa plantation; ſi les Arbres manquent, ou s'ils réuſſiſſent mal par leurs mauvaiſes qualités, on accuſe le climat de ne leur être pas favorable; la véritable cauſe eſt poſitivement toujours celle qu'on ne ſoupçonne pas, & cependant voilà tout d'un coup une quantité de perſonnes découragées, & qui de plus, décrient encore l'établiſſement.

Enfin, ſi les Muriers réuſſiſſent, mais que leurs feüilles n'aient pas les qualités qu'il leur faut, pour que l'on puiſſe trouver un bénéfice aſſuré dans le produit de l'éducation des Vers à Soie, & que la dépenſe l'abſorbe, pour lors on accuſe d'exagération, ceux qui ont parlé des grands avantages qu'ils procurent. Si l'établissement ne tombe pas, au moins est-il languissant, & ne fait aucun progrès.

Il est donc de toute nécessité, que les Muriers qu'on distribue dans une Pépiniere publique, remplissent parfaitement toutes les conditions que je crois avoir détaillées dans les Chapitres précédens, sans quoi ils ne sauroient ni réussir, ni porter de profit. C'est delà dont tout dépend, pour justifier le succès qu'on doit attendre de ce bel établissement; & ce n'est que par une culture bien entendue, & conduite avec les plus grandes attentions, qu'on peut y parvenir.

Une Pépiniere publique doit être d'une assez grande étendue pour fournir tous les ans un grand nombre de Muriers, tant de haute tige que des buissons, & de la pourette pour faire des palissades: son terrein ne sauroit être trop bon; s'il n'est pas possible de l'avoir de la meilleure qualité, il faut au moins le bonifier à force d'engrais & de culture. J'ai toujours remarqué que les Muriers qui avoient été élevés dans un bon fond, réussissoient toujours infiniment mieux dans toutes les espèces de terre où on les plantoit ensuite, même les plus médiocres. (*a*)

Il faut qu'il y ait de l'eau par toute la Pépiniere, soit au moyen des puits, ou de quelques fontaines, pour fournir aux arrosemens, & des auges pour la faire échauffer au soleil : rien n'est plus préjudiciable aux jeunes Muriers, que de les arroser avec de l'eau qui n'a pas été dégourdie auparavant. (*b*)

La Pépiniere doit être fermée de murs ou de haies vives, & son terrein divisé

(*a*) C'est cependant un préjugé assez généralement reçu, qu'il faut toujours prendre des Arbres dans un terrein moins bon que celui où l'on se propose de les planter, & que le fond d'une Pépiniere doit plutôt être maigre que gras. Si ce principe pouvoit être vrai pour les Arbres fruitiers, ce dont j'ai bien lieu de douter, il seroit absolument faux à l'égard du Murier.

Il est certain que tous Muriers qui dans l'espace de trois ou quatre années, n'ont pas pris dans la Pépiniere, la grosseur qu'ils doivent avoir pour être plantés avec succès, ne réussissent jamais par la suite : ils ne sont plus bons à faire des Arbres de tige.

(*b*) L'effet de l'eau trop froide sur les jeunes Muriers, & sur tout les Arbres un peu delicats qu'on éleve, est de resserrer leurs pores, & de les empêcher de croître.

en parallélogrammes ſéparés les uns des autres par des allées aſſez larges pour que des voitures y puiſſent paſſer, pour conduire par-tout librement des fumiers, & pour d'autres beſoins. Ces allées doivent être bordées de Muriers de haute tige plantés à demeure, & greffés des meilleures eſpèces de feuilles, pour y pouvoir prendre des greffes, des boutures, & même y faire des marcottes.

Il faut réſerver un canton ſpacieux & bien expoſé; on en coupe une partie de rigoles pour y planter au fond des Muriers nains greffés, afin d'en tirer des marcottes; le reſte de ce canton ſert pour y dreſſer des couches de tan, pour élever des boutures de Muriers greffés, & à faire d'autres couches pour ſemer la pourette : on ne doit jamais la ſemer en pleine terre, par les raiſons que j'en ai données.

Les emplacemens deſtinés à élever les Muriers de haute tige & les buiſſons, doivent, avant que d'y planter, avoir été défoncés au moins de deux pieds; & toutes les fois qu'on en replante de nouveau, il ſeroit très-néceſſaire de recommencer la même opération. Soit qu'on destine le plant qu'on y met, à former des Arbres de haute tige ou des buissons, on ne doit jamais le planter au plantoir, (*a*) mais toujours en rigole : cette premiere façon est très-défectueuse, & le plant ne profite pas à beaucoup près si bien.

Il faut tous les ans donner quatre labours au moins à la Pépiniere, & en fumer la moitié, afin que tous les deux ans elles se trouvent entiérement fumées : l'on emploie à cet usage le fumier des vieilles couches.

Il faut ordinairement six années à la plus grande partie des Muriers de haute tige greffés, pour prendre dans la Pépiniere, la grosseur qu'ils doivent avoir pour

---

(*a*) Le plantoir est une cheville de bois dont les Jardiniers se servent pour planter leurs choux & leurs salades. Souvent les gens peu instruits, ou qui veulent aller vîte, font des trous avec cette cheville pour planter la pourette; cette méthode est très défectueuse, en ce que les racines ne pouvant être placées comme elles le demandent, & se trouvant dans une situation qui ne leur est pas naturelle, l'Arbre en souffre, & en vient moins bien. Au contraire, en plantant dans une rigole, on est maître de les bien arranger, & de ne laisser aucun vuide; ce qui produit un tout autre effet.

réussir sûrement lorsqu'on les plante à demeure. C'est pourquoi on peut diviser la portion de la Pépiniere qu'on leur destine, en six parties égales, pour en distribuer une tous les ans, & la septiéme année on recommence la distribution par la premiere. (*a*)

Il ne faut cependant pas s'astreindre rigoureusement à cette régle. Il se trouve presque toujours des Muriers dans le grand nombre, qui au bout de quatre ans, d'autres au bout de cinq, ont une grosseur convenable, & qui non-seulement

---

(*a*) Comme j'ai dit dans une note plus haut, que les Muriers qui dans l'espace de trois ou quatre ans, n'avoient pas pris dans la Pepiniere, la grosseur qu'ils doivent avoir pour être plantés avec succès, ne réussissoient jamais bien par la suite, ceci auroit l'air d'une contradiction : je dois l'expliquer.

La pourette reste deux ans sur son semi; la seconde, on la coupe contre terre pour fortifier sa racine, & on ne laisse qu'une seule pousse sur chacune ; la troisiéme année, on la plante en Pépiniere, & on la coupe à cinq ou six pouces au dessus de terre; la seconde année qu'elle est plantée en Pépiniere, on la recepe tout contre terre, & c'est sur le plus beau des jets qu'elle pousse, qu'on a soin de laisser seul, qu'on la greffe l'année suivante, qui est la troisiéme. On voit par là que le Murier, dans l'espace de quatre ans, doit prendre la grosseur qu'il doit avoir, ce qu'il fait, & souvent en moins de temps, s'il est bien cultivé.

seroient

ſeroient trop forts au bout de la ſixiéme année, mais qui affameroient encore leurs voiſins, & les empêcheroient de croître. On doit les arracher tous les ans par-tout où il s'en trouve ; les autres par là prendront plus de nourriture, étant plus au large, & en viendront beaucoup mieux.

Chaque année on doit arracher en entier le canton qui eſt deſtiné pour la diſtribution ; mais comme il ne manque jamais d'y en avoir un bon nombre de foibles qui ne ſont pas en état d'être tranſplantés, on ne doit pas les diſtribuer au Public ; ce ſeroit abuſer de ſa confiance. Ils ne ſont pas pour cela perdus ; en les recépant au deſſus de la greffe, on en fait des buiſſons, & on les diſtribue pour cet uſage, ou on les plante dans la Pépiniere au fond des rigoles, pour en tirer des marcottes.

A l'égard des buiſſons, comme il ne leur faut pas un ſi long-temps pour acquérir la groſſeur convenable pour être tranſplantés avec ſuccès, on ne doit diviſer l'emplacement qu'on leur deſtine, qu'en quatre parties égales, & ſe conduire dans leur diſtribution, de même que dans celle des Muriers de haute tige.

Enfin, on ne doit jamais diſtribuer dans une Pépiniere publique, un ſeul Murier défectueux. Il faut qu'ils ſoient tous greffés, ou provenus de marcottes, ou de boutures de Muriers greffés, & qu'ils ſoient abſolument conformes à tout ce que j'en ai dit dans les Chapitres précédens.

On doit s'attacher particuliérement à multiplier le Murier par la voïe de la marcotte & de la bouture ; je ne fais aucun doute que cet Arbre ainſi multiplié, ne ſoit plus vigoureux, plus exempt de maladie, & ne pouſſe infiniment plus loin ſa carriere que le greffé, qui n'eſt ſujet à tant d'infirmités qui abrégent ſes jours, que par le peu de rapport qui ſe trouve entre les conduits de la ſeve dans le ſauvageon & dans le franc, comme je crois l'avoir démontré.

Je puis hardiment aſſurer qu'une Province qui établiroit une Pépiniere publique de Muriers ſur ce modele, en retireroit bientôt les plus grands fruits, & verroit dans bien peu de temps le commerce des Soies s'établir ſolidement chez elle. Mais cependant ſi l'on ſe contentoit ſeulement d'y établir cet ordre, & qu'on n'en confiât pas la direction à un homme capable de la gouverner ſur ces principes, il ne ſeroit certainement pas poſſible qu'elle ſe maintînt long-temps dans cet état, & que les effets puſſent répondre à l'eſpérance qu'on auroit eu lieu d'en avoir.

Ce n'eſt pas à un Manœuvre, à un Etranger ſans capacité, à un homme mercénaire que l'intérêt ſeul guide, & qui fait tout rapporter à cet objet, qu'on doit confier cet établiſſement; un pareil homme n'eſt bon tout au plus qu'à faire un Piqueur pour conduire des Ouvriers; mais il faut abſolument, pour le diriger, un homme né Citoyen, & d'une expérience reconnue dans tout ce qui concerne l'Agriculture; un Phyſicien qui ait étudié la nature, & par principe, & par goût; enfin, un homme qui ne s'occupe abſolument que du ſoin de veiller à cet établiſſement, & qui ait autant à cœur de le faire réuſſir par honneur, que par amour pour ſes Compatriotes : alors, je crois qu'on pourroit s'aſſurer du ſuccès de la Pépiniere ; rien ne pourroit s'y faire que par les ordres de ce Directeur, qui les feroit exécuter par un homme qui y réſideroit pour ce ſujet, & qui conduiroit les Ouvriers qu'on y emploieroit.

Ce Directeur remettroit tous les ans en Automne, aux Commiſſaires chargés de la diſtribution des Arbres, la liſte de tous les Muriers propres à être diſtribués, tant de ceux de haute tige que des buiſſons, & même de la pourette, pour qu'ils en fiſſent le partage comme ils jugeroient à propos, & en ordonnaſſent en conſéquence la diſtribution qui ne pourroit être faite qu'en ſa préſence, pour éviter toute Monopole.

On chargeroit encore ce Directeur de veiller à la culture de toutes les autres Pépinieres publiques, quelques eſpèces d'Arbres qu'on y élevât. Ses ſoins devroient même s'étendre juſqu'à diriger les plantations un peu conſidérables que la Nobleſſe de la Province pourroit faire ; tant il eſt certain qu'on ne ſauroit apporter trop d'attention & trop de précaution pour encourager & pour faire réussir un établissement de cette importance, surtout dans les commencemens qui sont toujours lents & difficiles.

Comme il est à propos, autant qu'il est possible, que tout se rapporte toujours au plus grand bien de la société, sur-tout dans un établissement qui n'a pour but que son intérêt, il faudroit donc encore que le Directeur fît élever tous les ans, sous ses yeux, des Vers à Soie qui seroient nourris avec les feüilles des Arbres de la Pépiniere, qu'on pourroit dépouiller sans leur faire tort. Son attelier seroit comme une Ecole publique, où l'on pourroit venir prendre des leçons, & examiner les procédés de l'éducation; le dévidage des Soies qui en proviendroient, seroit encore une autre Ecole où l'on pourroit aussi venir apprendre les opérations du tour.

Cette place de Directeur procureroit d'autant plus d'avantage à la Province, qu'elle seroit bien remplie. Celui qui l'occuperoit, pourroit dans bien peu de temps, non-seulement la peupler d'un grand nombre de beaux Muriers & d'une bonne qualité, mais y introduiroit encore, & la bonne éducation des Vers, & la façon de bien dévider les Soles; ce qui ouvriroit bientôt une nouvelle ſource de richeſſes qui iroient toujours en augmentant.

La réuſſite certaine d'un nouvel établiſſement, dépend toujours des commencemens; auſſi ſûrs de réuſſir, s'ils ſont bien dirigés, qu'incertains, s'ils le ſont mal, on ne doit rien épargner & jamais ne regarder à la dépenſe. La maniere infaillible d'en trop faire, & de ne la faire qu'à demi, parce qu'alors elle tombe entiérement en pure perte, & ne ſauroit produire aucuns effets.

Tel eſt le réſultat des recherches & des expériences de dix années que j'ai faites ſur la culture du Murier, & ſur les moyens les plus ſûrs d'en retirer en Bourgogne le plus prompt & le plus grand avantage; j'ai cru devoir les communiquer à mes Compatriotes : heureux ſi elles peuvent ſervir à leur bien, & qu'ils puiſſent en retirer toute l'utilité que je crois qu'on pourroit s'en promettre.

CHAPITRE IX.

Des Peupliers d'Italie.

J'Ai cru ne pouvoir mieux finir cet Ouvrage, qu'en faisant voir de quelle importance seroit pour la Province, la culture du Peuplier d'Italie, les avantages qu'elle en tireroit, & même le Gouvernement, & les moyens de rendre en peu de temps cet Arbre très-commun en Bourgogne.

On a de tout temps connu en France, trois espèces de Peupliers ; le Peuplier blanc, le Peuplier noir, & le Peuplier tremble, ou simplement Tremble.

Il y a deux espèces de Peupliers blancs, qui ne different entre eux que par la grandeur de leurs feüilles, qui sont dans l'une comme dans l'autre espèce, velues, blanches par dessous, & par dessus d'un verd brun : ces Peupliers croissent avec une grande vîtesse dans les lieux marécageux & sur le bord des eaux.

Dans l'espace de trente ans, ils prennent une hauteur & une grosseur considérables : ils croiſſent encore aſſez paſſablement dans les terres un peu ſeches, mais avec beaucoup moins de promptitude.

Le bois de ces Peupliers ne vaut gueres mieux que celui du Tilleul ; les Sculpteurs s'en ſervent de même ; on le débite en planches de différentes épaiſſeurs, qu'on emploient à couvert ; on en fait auſſi quelquefois des brancards d'équipage. Enfin, quoiqu'il ne ſoit ni bien fort, ni de grande durée, on ne laiſſe pas que de s'en ſervir utilement à beaucoup de choſes.

On reconnoît le Peuplier noir, à ce qu'il n'a pas la feüille blanche par deſſous ; la différence qu'on remarque dans la forme des feüilles, l'a fait diviſer en pluſieurs eſpèces, mais ce ne ſont peut-être que des variétés. Ce Peuplier noir ne ſauroit s'élever que dans les terres humides ; dans les ſeches, il reſte toujours bas ; ſon bois ſert aux mêmes uſages que celui du Peuplier blanc ; ſouvent on l'étête pour lui faire pouſſer beaucoup de jets que l'on coupe tous les ans ou tous les deux ans, pour ſervir d'échalats dans les vignes, ou pour faire des fagots.

Le Peuplier-Tremble, a la feuille ronde & point dentelée, attachée à des queues longues & menues, ce qui fait que le moindre vent les agite, & c'eſt ſans doute delà que lui eſt venu ſon nom. On croit en reconnoître deux eſpèces qui ne different entre elles que par la grandeur de leurs feüilles ; mais cette différence pourroit bien ne venir que de l'humidité ou de la ſechereſſe du terrein dans lequel ils viennent ; l'on en trouve en effet ſur les montagnes, comme dans les endroits bas les plus humides, & ces derniers viennent toujours beaucoup plus vîte, & ont la feüille beaucoup plus grande. Le bois du Tremble ſert aux mêmes uſages que celui des deux autres Peupliers, mais cependant il eſt beaucoup moins bon.

On a depuis peu d'années introduit en France trois autres eſpèces de Peupliers ; celui d'Italie ou de Lombardie, celui de la Caroline, & celui de la Virginie. Je ne parlerai pas de ces deux derniers, dont on n'a point encore reconnu de ſupériorité dans leur bois, ſur la bonté de celui des nôtres ; mais le Peuplier d'Italie a un ſi grand nombre d'excellentes qualités, qu'on ne peut trop le multiplier ; c'eſt le Peuplier par excellence, & c'eſt celui ſeul dont je me ſuis propoſé de faire voir toute l'utilité & les grands avantages.

Le Peuplier d'Italie ou de Lombardie a l'écorce griſe & unie, la feüille grande & d'un beau verd foncé ; il vient très-droit. Au contraire, le Peuplier noir auquel il reſſemble le plus, a le défaut de venir volontiers tortu ; les branches du Peuplier noir ſont pendantes, celles du Peuplier d'Italie ſe levent parallelement à la tige, ce qui lui donne une figure pyramidale. Une différence encore bien ſenſible entre ces deux Peupliers, c'eſt que le Peuplier noir, & même le Peuplier blanc, ont leurs feüilles de couleur tirante ſur le rouge, quand elles ſont jeunes, & que le Peuplier d'Italie les a très-vertes.

Cet Arbre vient ſans ſoin & ſans culture ; il demande une terre graſſe & humide ; il ſe plaît ſur le bord des rivieres & des ruiſſeaux, & même dans les terres donton ne ſauroit retirer aucun produit. En effet, c'eſt dans les marais qu'il croît le mieux, & on ne ſçait que trop, que pour les rendre propres à produire des grains, ou à faire de bons pâturages, il faut des dépenſes prodigieuſes, & quelquefois inutiles.

Celle qu'il faut faire pour l'y planter, eſt bien peu de choſe ; il n'eſt queſtion que de couper ces terres marécageuſes par des foſſés de quatre à cinq pieds de largeur, & trois de profondeur, éloignés d'une toiſe les uns des autres : c'eſt entre ces foſſés, & à environ dix pieds de diſtance, qu'on les plante.

Le Peuplier d'Italie croît avec une viteſſe preſque incroyable ; les autres eſpèces de Peupliers à trente ans, ne ſont ni ſi gros ni ſi élevés qu'il l'eſt à quinze. On en a vu qui à douze ans avoient plus de deux pieds de diametre, & bien quatre-vingt pieds de hauteur ; enfin, c'eſt à quinze ans qu'il eſt en état d'être abattu, & alors il eſt pour le Propriétaire, un objet du plus grand produit. On prétend que trente arpens de ce bois, au bout de quinze ans, peuvent rendre aiſément au Propriétaire, quatre-vingt à cent mille liv.

La prodigieuſe rapidité avec laquelle

vient le Peuplier d'Italie, fait que nuls autres Arbres ne peuvent lui être comparés à cet égard. Ce n'eſt, par exemple, qu'au bout de cent cinquante ans qu'un Chêne planté dans un bon terrein, peut égaler un Peuplier d'Italie de quinze ans; ainſi on peut couper dix fois un Peuplier d'Italie pendant le temps qu'un Chêne mettra à acquérir la même groſſeur.

Si tout le mérite de cet Arbre ſe bornoit ſeulement à la promptitude extraordinaire avec laquelle il vient, ce ſeroit peu de choſe; mais ſon bois donne tout le prix à cette qualité; il eſt excellent, il ſe travaille avec une grande facilité; il eſt doux ſous l'outil, & point noueux; il eſt également bon pour la menuiſerie, la charpente & le charronnage; on en fait des tirans excellens, & d'une portée conſidérable, des traveaux & des planches de toutes ſortes d'épaiſſeur; on en fait des brancards très-lians pour les équipages, & même des moyeux & des gentes pour les roües; enfin, il eſt admirable pour la mâture des vaiſſeaux, & c'eſt particuliérement ce qui nous manque le plus en France, & que nous ſommes obligés de tirer à grands frais de l'Etranger.

De quelle reſſource & de quel produit ne ſeroit pas cet Arbre pour la Province, où la rareté des bois à bâtir, ne ſe fait que trop ſentir de plus en plus; & quel bien l'Etat n'en retireroit-il pas pour le ſervice de la Marine? Il n'y a pas en Bourgogne de Seigneurs qui ne puiſſent en planter un grand nombre dans ſes Terres, ſur-tout dans les Pays bas, & qui ne puiſſent par ce moyen retirer un produit immenſe des terres marécageuſes qu'il peut avoir, & dont il ne retire aujourd'hui aucun profit; il n'eſt même pas de Particulier qui ne puiſſe ſe trouver avoir quelque emplacement qui convienne à cet Arbre.

Je crois l'encouragement des plantations des Peupliers d'Italie, digne de l'attention de l'auguſte Aſſemblée des Etats, toujours ſi diſpoſée à ſaiſir avec empreſſement tous les objets qui peuvent contribuer à l'accroiſſement des richeſſes de cette Province.

Pour peupler dans bien peu de temps la Province d'un nombre conſidérable de Peupliers d'Italie, il faudroit en établir une Pépiniere publique; la dépenſe en ſeroit très-peu conſidérable, attendu le peu de culture qu'il leur faut, & la promptitude ſinguliere avec laquelle ils croiſſent.

Le Peuplier d'Italie ne ſe multiplie que de boutures ; dans l'eſpace de deux années, ces boutures forment des Arbres de dix à douze pieds de hauteur, & de huit à dix pouces de circonférence par le bas, ce qui eſt bien plus que ſuffiſant pour pouvoir les planter à demeure, & les mettre hors de toute inſulte du bétail.

Une piéce de terre graſſe & humide, de la contenance de dix journaux, en y comprenant un foſſé de dix pieds de largeur pour la fermer, & en y comprenant encore une allée de douze pieds de largeur, qui tourneroit tout autour, & qui ſeroit bordée de grands Peupliers pour y prendre les boutures, ſeroit plus que ſuffiſante pour pouvoir diſtribuer tous les ans au moins quinze mille Peupliers, ce qui en peupleroit la Province dans l'eſpace de dix ans, de cent cinquante mille, ſans compter ceux que chaque Particulier auroit pu élever de boutures ; elle ſe trouveroit preſque tout d'un coup abondamment pourvue de bois de charpente, & l'on verroit bientôt nos rivieres porter dans les Ports de la Méditerranée, des mâtures pour la Marine Royale & la Marine marchande.

On diviseroit cette Pépiniere en deux parties égales, dont on en distribueroit tous les ans une au Public.

Le fossé qui entoureroit la Pépiniere, seroit suffisant sans haies vives, pour la mettre hors de toute insulte, attendu qu'il pourroit être rempli d'eau, soit en en tirant d'une riviere voisine, soit enfin par la nature même du terrein.

Le même Directeur qui seroit chargé de la conduite des autres Pépinieres, auroit aussi sous sa direction, la Pépiniere des Peupliers.

Deux chambres bâties dans la Pépiniere, ou tout proche, seroient suffisantes pour y loger un homme qui veilleroit à sa sûreté, & qui conduiroit les Ouvriers que le Directeur jugeroit à propos d'y employer pour sa culture.

Enfin, je suis très-assuré que les quinze mille Peupliers que l'on pourroit distribuer tous les ans au Public dans cette Pépiniere, ne reviendroient tout au plus à la Province, qu'à un sol chacun, &

les avantages qu'elle en retireroit dans peu de temps, & même le Gouvernement, feroient ineftimables. (*a*)

(*a*) En voici la preuve en portant même tout au plus haut. Je mets pour dix foitures de prés dans un fonds gras & humide, pour faire la Pépiniere, deux cent livres.

Pour les appointemens du Concierge ou Piqueur, deux cent livres.

Trois cent livres pour trois labours par an, le premier au Printemps, & pour planter les boutures; le fecond en Eté; & le troifiéme en Automne, en arrachant les Peupliers.

Ces trois fommes additionnées enfemble, font celle de fept cent livres. Il eft aifé, par ce calcul, de voir que chacun des quinze mille Peupliers que l'on diftribueroit tous les ans dans la Pépiniere, ne reviendroit pas à un fol à la Province.

Il eft vrai que je ne fais point entrer en compte, ce qu'il en coûteroit pour enclorre la Pépiniere, pour la conftruction du petit logement du Piqueur, pour l'achat des Peupliers que l'on planteroit autour pour y prendre des boutures, & de celles qu'il faudroit faire venir pour planter la moitié de la Pépiniere la premiere année; mais ces dépenfes ne fe font qu'une fois, & font peu confidérables.

De l'Imprimerie de DEFAY, Imprimeur des Etats, de la Ville & de l'Univerfité.

www.ingramcontent.com/pod-product-compliance
Ingram Content Group UK Ltd.
Pitfield, Milton Keynes, MK11 3LW, UK
UKHW021059260726
13994UKWH00002B/590

9 782329 458472